Contents
차례

메이커스 주니어: 04 자이로팽이 메이커스 주니어는 동아시아출판사의 브랜드 '동아시아사이언스'의 어린이·청소년 과학 키트 무크지입니다.

펴낸날 2023년 3월 24일 **펴낸곳** 동아시아사이언스 **펴낸이** 한성봉
편집 메이커스주니어 편집팀 **콘텐츠제작** 안상준 **디자인** 최세정
마케팅 박신용 오주형 박민지 이예지 **경영지원** 국지연 송인경
등록 2020년 4월 9일 서울중 바00222 **주소** 서울특별시 중구 필동로8길 73 (예장동, 동아시아빌딩)

만든 사람들
책임편집 이동현 **크로스교열** 안상준
표지일러스트 이예숙
디자인 안성진 **사진** 한민세

www.makersmagazine.net
cafe.naver.com/makersmagazine
www.facebook.com/dongasiabooks
makersmagazine@naver.com

글: 메이커스 주니어 편집팀
사진: 한민세

우리의 자이로팽이는 쓰러지지 않아!

물체의 회전과 균형을 알아보자

손가락 위에 올려둔 팽이가 쓰러지지 않아! 줄 위에서도 쓰러지지 않아!
뾰족한 탑 끝에서도 쓰러지지 않아! 자이로팽이를 돌려서 여러 곳에 올려보자.
자이로팽이는 왜 쓰러지지 않을까? 잘 쓰러지는 물체와는 무엇이 다를까?
무게중심, 돌림힘, 물체의 회전에 대해 알아보자.

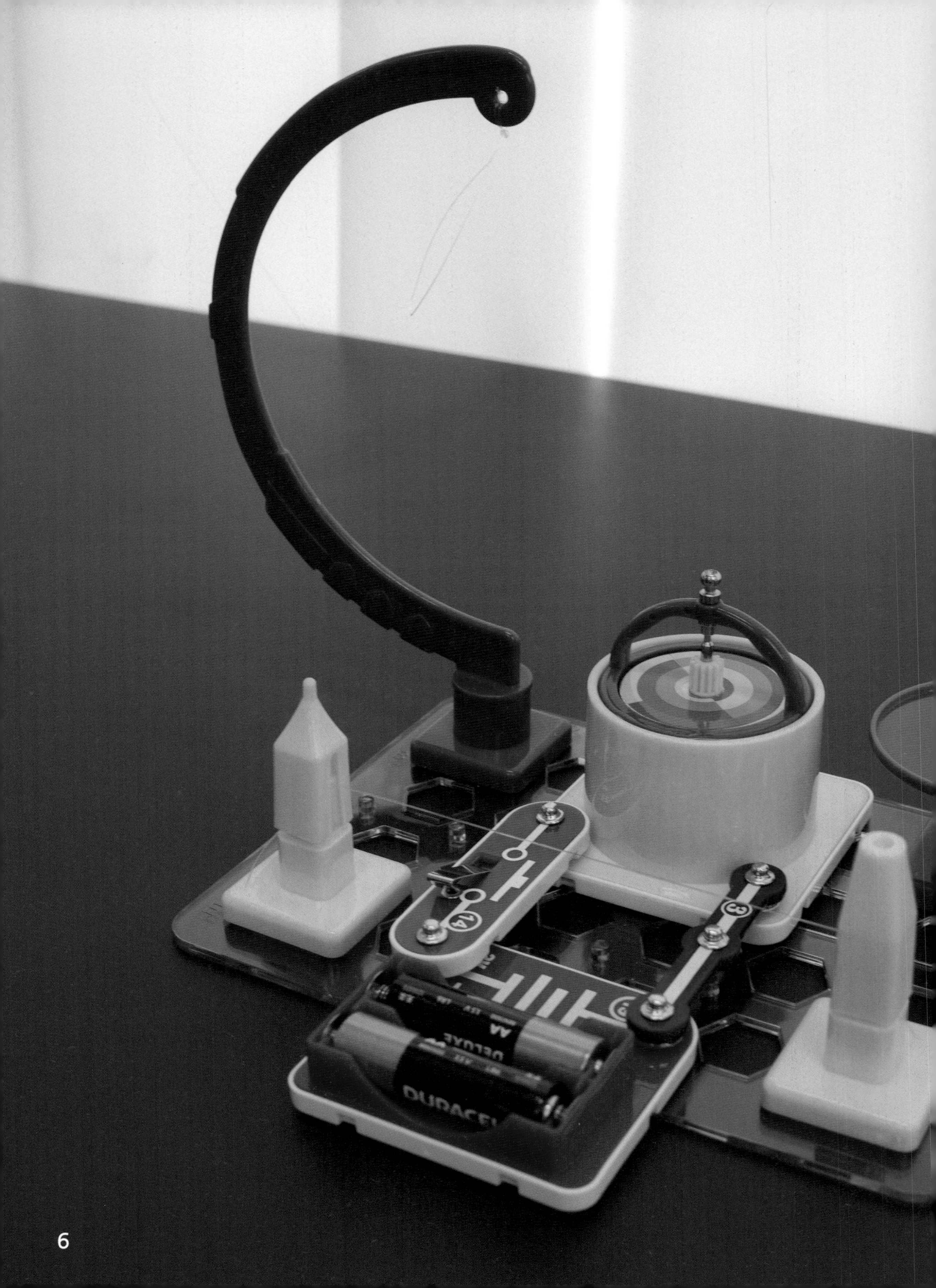
14
3

자이로팽이 살펴보기

자이로팽이?

《메이커스 주니어 04 자이로팽이》에는 회전하는 물체의 움직임을 실험하고 관찰할 수 있는 키트가 들어있습니다. 자이로팽이와, 자이로팽이로 여러 가지 실험을 할 수 있는 장치들이 함께 있어요.
회전하는 물체에는 가만히 멈추어 있는 물체에서는 볼 수 없는, 특별한 힘이 작용합니다. 그래서 회전하는 물체의 회전축을 기울이면 특이한 움직임을 관찰할 수 있어요. 자이로팽이로는 이런 움직임을 관찰하기 편리합니다.

회전하는 자이로팽이를 기울여보자

먼저 자이로팽이부터 살펴볼까요? 자이로팽이는 다른 팽이와는 다르게, 둥근 테두리가 있어요. 축에 고정된 원반으로 이루어진 팽이가 이 테두리로 둘러싸여 있습니다. 팽이를 돌리면, 안쪽의 원반과 축이 돌아가고 테두리는 멈추어 있어요.
테두리를 잡아도 안쪽의 팽이는 계속 돌아가기 때문에, 테두리가 없는 일반적인 팽이와 달리 팽이의 회전축을 마음대로 기울여볼 수 있습니다. 팽이의 회전을 방해하지 않고도 말이죠!

키트를 살펴보자

키트에는 자이로팽이와 함께, 여러 가지 조건에서 팽이를 돌려볼 수 있는 장치가 포함되어 있습니다. 부품 중에는 넓적한 판이 하나 들어있어요. 이 판에 여러 실험 장치들을 꽂아서 설치할 수 있습니다. 실험 장치를 이용해 평평한 곳, 뾰족한 끝, 줄 위 등 여러 가지 조건에서 팽이를 돌려볼 수 있어요. 돌아가는 팽이를 줄에 매달아볼 수 있는 장치도 있지요. 자이로팽이를 쉽게 돌릴 수 있는 모터뭉치와 건전지 박스도 포함되어 있습니다. 설명서의 예시와 다르게 자유롭게 배치해도 좋습니다. 다음 페이지에서 하나하나 살펴보도록 합시다.

실험 장치 살펴보기

키트에는 자이로팽이와 함께, 자이로팽이를 돌리는 모터뭉치, 그리고 여러 가지 실험을 할 수 있는 실험 장치들로 구성되어 있습니다. 이 장치들을 이용해서 회전하는 물체의 움직임을 여러 가지로 관찰해봅시다.

모두 조립하면 사진과 같은 모양이 됩니다(조립 방법은 64쪽을 보세요). 실험 장치들은 격자판 위에 마음대로 꽂을 수 있도록 되어 있습니다. 판 위에 자유롭게 배치해도 좋고, 원하는 실험 장치로만 간단하게 구성해도 좋습니다.

이제 실험 장치들을 하나하나 살펴볼까요?

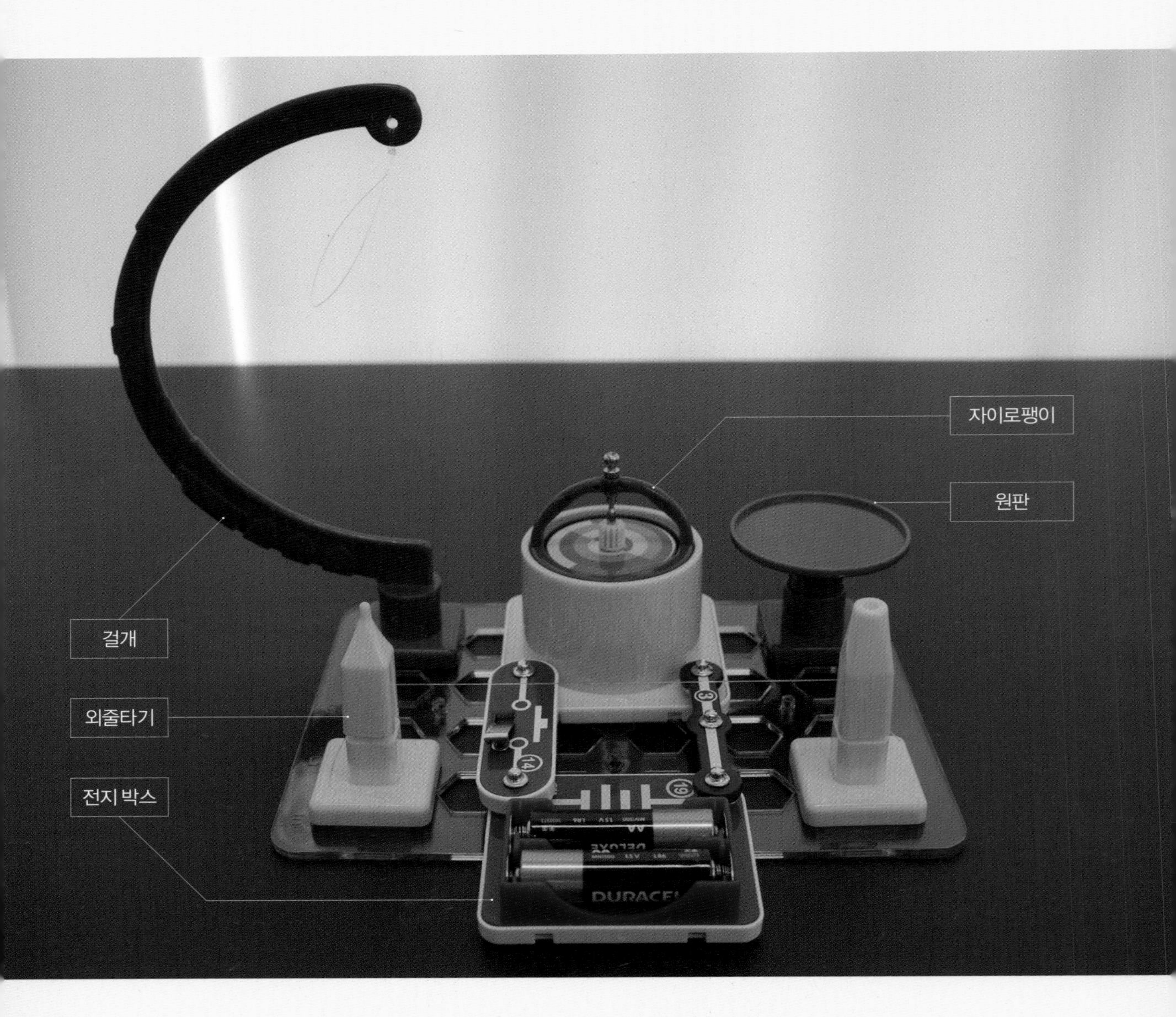

자이로팽이 다른 팽이와 달리, 회전축과 원반이 테두리 안에 들어있습니다. 회전축과 원반은 서로 붙어있고, 모터뭉치로 팽이를 돌리기 위한 톱니바퀴도 달려 있습니다. 모터뭉치가 톱니바퀴를 돌리면 회전축과 원반이 함께 돌아갑니다. 테두리를 잡으면 팽이의 회전을 방해하지 않고 이리저리 기울여볼 수 있습니다.

• **구동계** 자이로팽이가 빠르고 오래 돌수록 실험이 잘 될 거예요. 우리 키트에는 자이로팽이를 빠르게 돌릴 수 있는 모터 장치가 포함되어 있습니다. 전선과 스위치는 연결하기 쉽도록 똑딱단추로 되어 있어요. 전지, 전선, 스위치, 모터뭉치를 연결하고, 모터뭉치에 팽이를 넣고 스위치를 눌러봅시다. 모터뭉치의 모터가 돌아가며 팽이를 돌립니다. 회로에 대해 자세히 알고 싶으면 35쪽을 보세요.

• **원판** 이 원판 위에 자이로팽이를 올려놓고 돌려볼 수 있어요. 원판의 평평한 면 위에 올려놓고 관찰해봅시다.

• **외줄타기** 자이로팽이로 외줄타기 묘기를 해봅시다. 양쪽으로 줄을 팽팽하게 겁니다. 이 줄로 줄타기 묘기를 할 수 있어요. 양쪽 줄걸개 위에는 오목뚜껑, 볼록뚜껑이 준비되어 있어서, 여기에 세워볼 수 있어요.

• **걸개** 돌아가는 자이로팽이를 아래로 늘여진 줄에 매달아보면 재미있는 움직임을 관찰할 수 있습니다.

돌아가는 자이로팽이를 테두리로 잡은 모습.

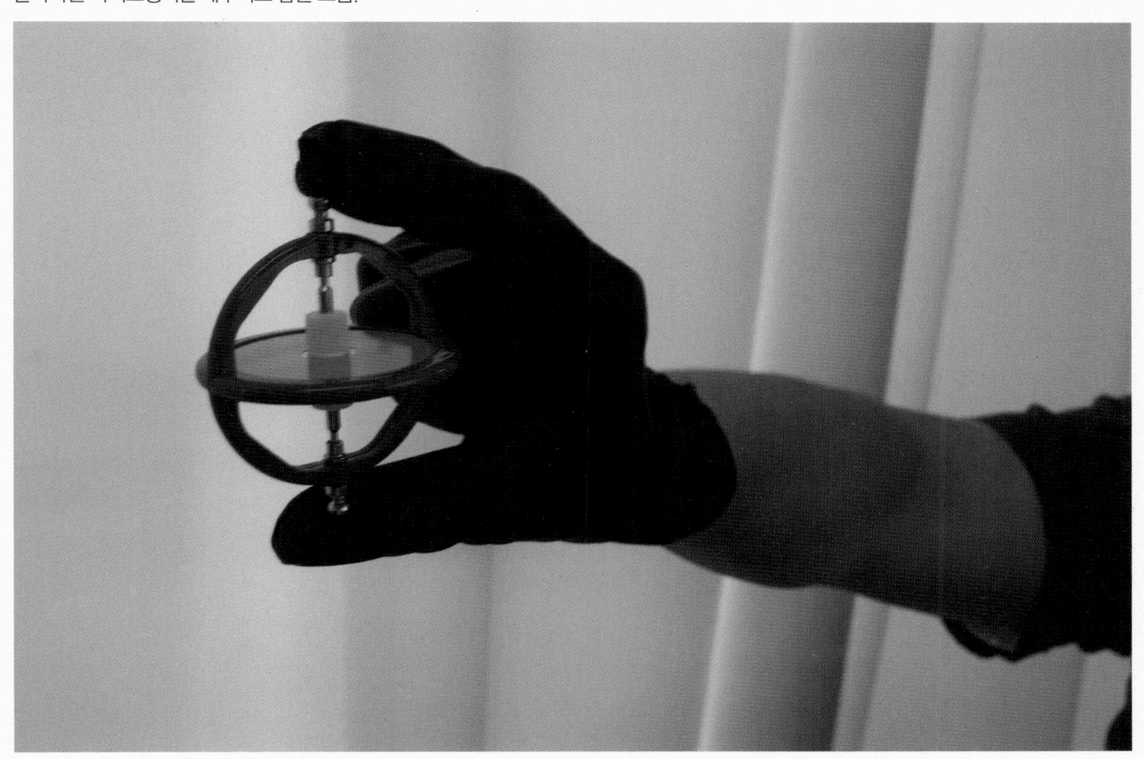

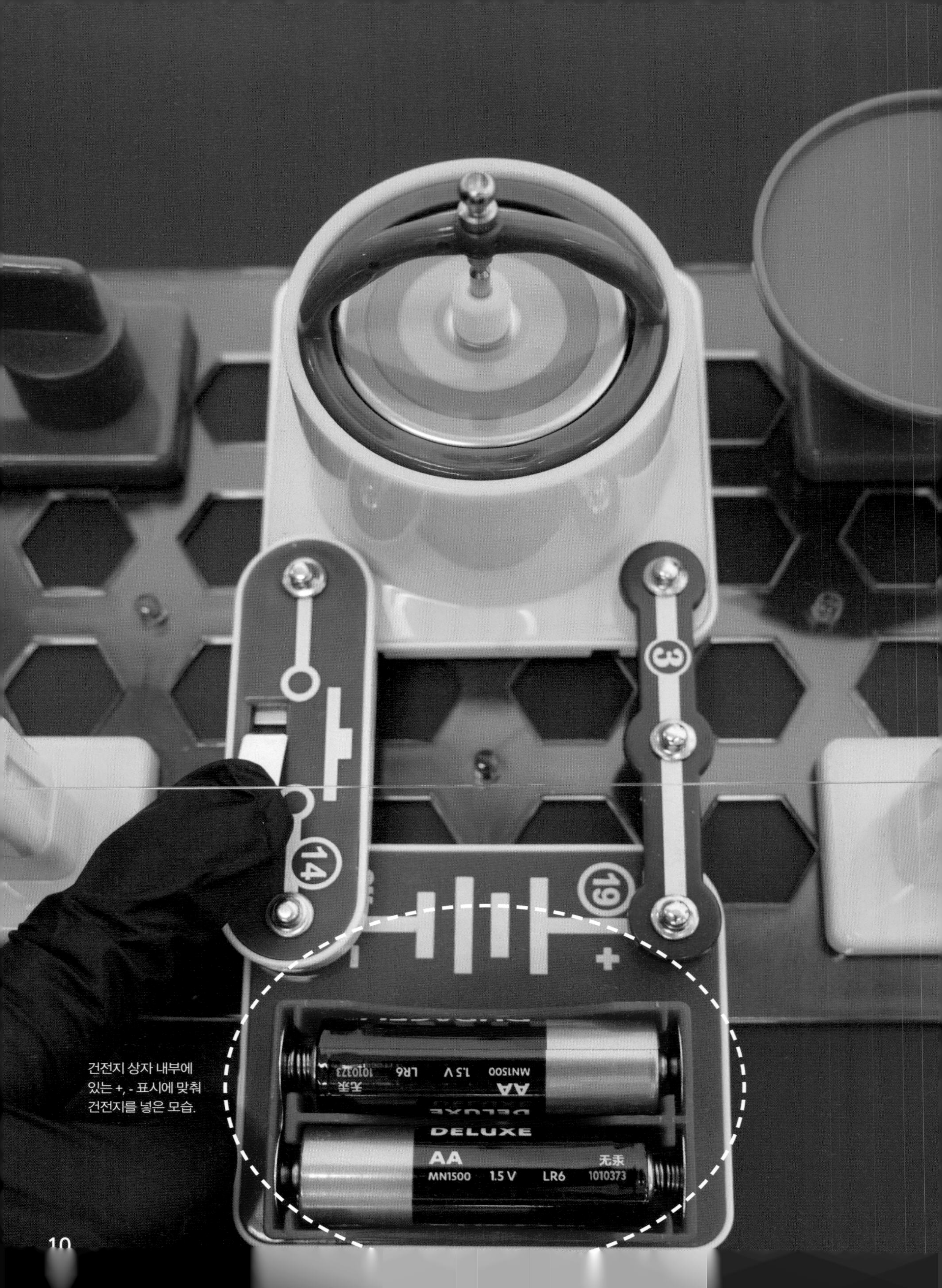

건전지 상자 내부에
있는 +, - 표시에 맞춰
건전지를 넣은 모습.

팽이를 돌려봅시다

이제 자이로팽이를 돌려봅시다. 팽이의 테두리 안에 있는 원반을 돌리면 됩니다. 팽이를 빠르게 돌려야 오래 돕니다. 우리 키트에는 팽이를 쉽고 빠르게 돌릴 수 있도록, 자이로팽이를 돌리는 장치인 모터뭉치가 있습니다. 모터뭉치 안에는 모터가 들어있어서, 이 모터로 자이로팽이를 빠르고 쉽게 돌릴 수 있습니다. 자이로팽이에 달려있는 톱니바퀴가 모터뭉치의 톱니바퀴와 맞물려서 돌아갑니다. 64쪽의 조립법을 보고 회로를 구성하면 사용할 수 있습니다. 모터뭉치와 전기 회로에 대해 더 자세히 알아보고 싶으신 분은 35쪽을 보세요.

1. 전지 넣기

전지 박스에 전지를 넣습니다. 극성을 잘 맞춰주세요. 극성을 잘못 맞춰서 끼우면 모터가 돌아가지 않아요. 전지 크기는 'AA 전지'를 사용합니다.

2. 자이로팽이를 모터뭉치 안에 넣기

팽이를 모터뭉치에 올려습니다. 이때는 톱니바퀴가 잘 맞물리도록 넣어주세요. 모터뭉치 안으로 자이로팽이가 완전히 들어갔다면 톱니바퀴가 잘 맞물린 것입니다.

팽이가 모터뭉치 안으로 완전히 들어가 있습니다.

잘못 올려놓은 예. 이렇게 올리지 마세요. 모터와 팽이의 톱니바퀴가 제대로 맞물리지 않아, 이대로 모터를 돌리면 톱니바퀴가 손상될 수 있습니다.

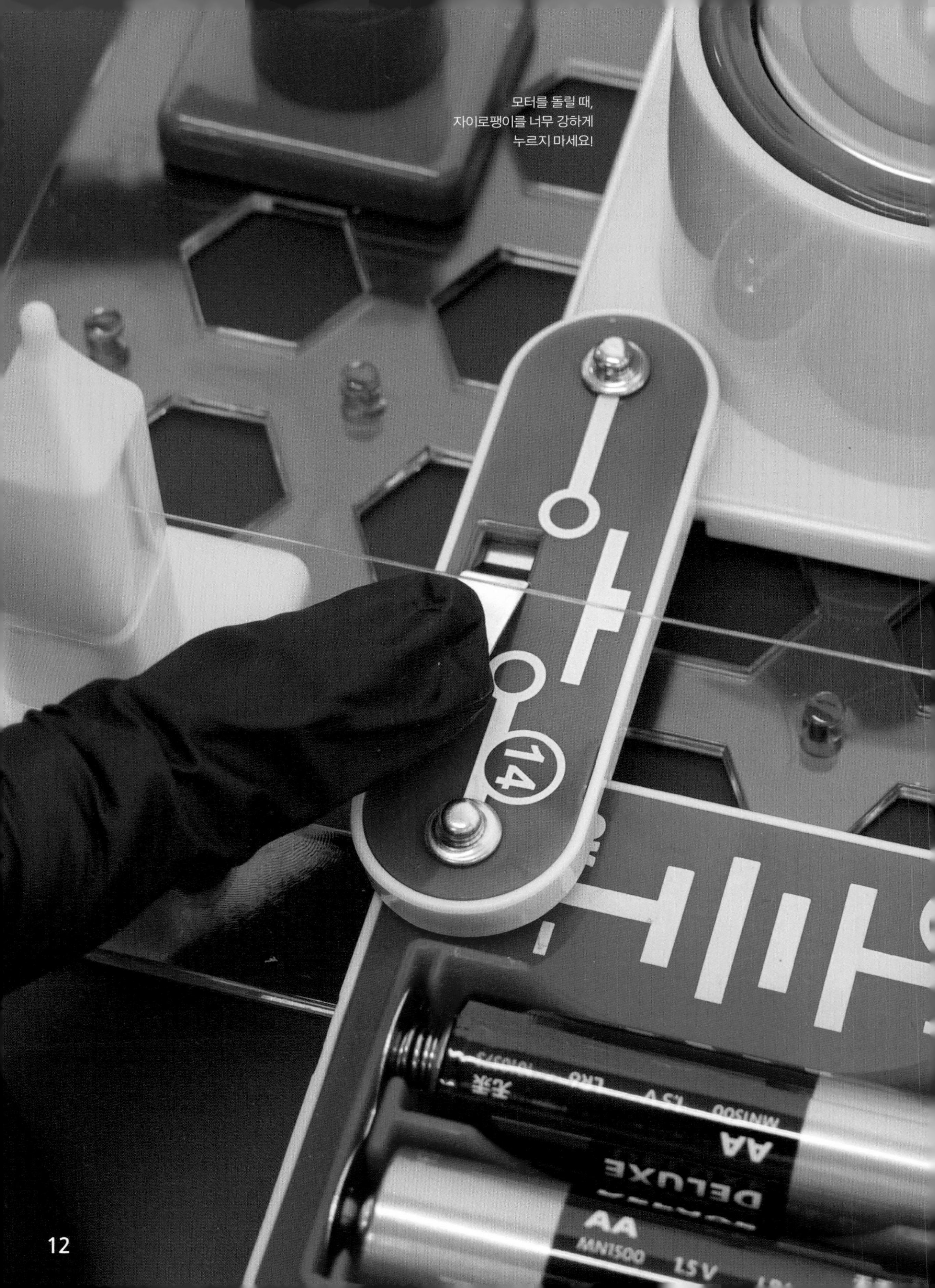

모터를 돌릴 때,
자이로팽이를 너무 강하게
누르지 마세요!

3. 스위치 눌러서 팽이 돌리기

스위치를 눌러서 자이로팽이를 돌려주세요. 스위치를 누르면 모터가 돌면서 톱니바퀴에 맞물린 자이로팽이가 돌기 시작합니다. 잠시 동안(약4~5초 정도) 돌리면 자이로팽이가 도는 빠르기가 가장 빨라집니다. 스위치를 오래 누르고 있다고 해서 더 빨리 돌지는 않아요! 충분히 빨라지면 스위치를 놓으세요.

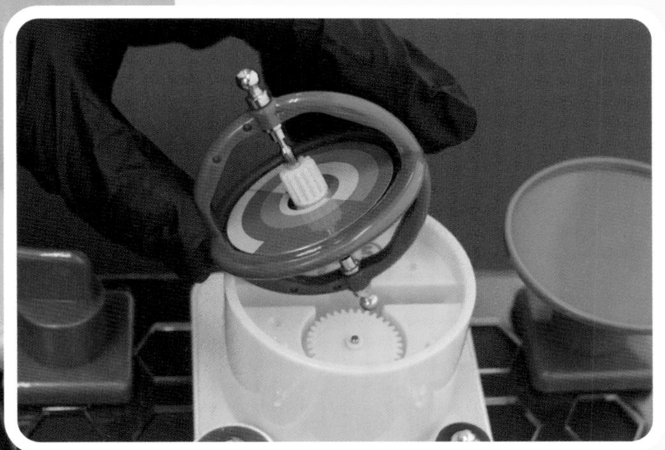

4. 자이로팽이를 꺼내기

충분히 빠르게 돌기 시작하면 스위치에서 손을 떼고, 자이로팽이 테두리를 잡아 조심스럽게 꺼냅니다. 떨어뜨리지 않도록 조심합시다.

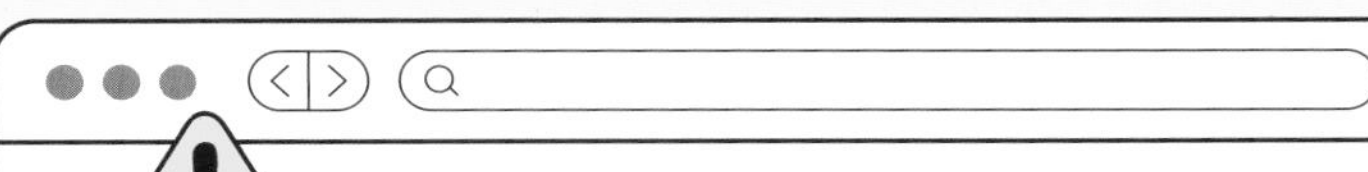

주의!

① 안전에 유의하세요! 자이로팽이가 빠르게 돌아가고 있거나, 아직 모터뭉치의 모터와 맞물려 돌아가는 중일 때는 자이로팽이를 맨손으로 잡아서 멈추려고 하지 마세요. 손을 다칠 수도 있으니까요. 가만히 두면 느려지면서 저절로 멈춥니다.

② 자이로팽이를 모터뭉치 안에 넣은 채로 너무 오래 돌리고 있으면 모터에 무리가 갑니다. 충분히 빠르게 돌면 자이로팽이를 꺼내주세요.

③ 모터를 많이 돌리고 난 직후에는 스위치를 눌러보아도 모터가 느리게 돌 수도 있습니다. 이럴 때는 잠시 사용하지 않고 기다리며 모터를 쉬게 해주세요. 1~2분 정도면 됩니다. 그렇게 쉬고 나면 다시 힘차게 돌아갑니다. 계속해서 모터가 느리게만 돈다면 전지를 바꾸어보세요.

팽이를 여기저기 놓아봅시다

팽이를 바닥에 놓아봅시다

자이로팽이를 평평한 바닥에 올려놓고 관찰해봅시다. 회전축을 바닥과 수직으로 놓아봅시다. 자이로팽이는 똑바로 서서 돌아갑니다.

자이로팽이에는 테두리가 있기 때문에 회전축을 바닥에 대하여 수평 방향으로도 놓고 돌릴 수 있습니다. 이렇게 회전축을 수평으로 놓으면 어떻게 될까요?

이번에는 수평으로 놓인 채로 가만히 멈추어 있습니다.

자이로팽이가 돌지 않을 때는 어떻게 될까요? 네, 맞습니다. 돌지 않는 자이로팽이는 금방 바닥에 쓰러집니다.

어째서 돌고 있는 자이로팽이는 금방 쓰러지지 않는 것일까요? 42쪽을 읽어보면 알 수 있을 거예요. 우리 키트의 실험 장치뿐 아니라, 주변의 여러 장소에 팽이를 올려놓고 관찰해봅시다.

바닥에서 수직으로 돌고있는 팽이의 모습.

돌고있는 팽이를 바닥에
수평으로 놓은 모습. 돌고 있는
팽이는 쓰러지지 않습니다.

돌지 않는 팽이는 바닥에
쓰러져요.

실험 장치 위에 올려놓아 봅시다

자이로팽이를 여러 조건에서 돌려봅시다.
돌고있는 자이로팽이는 평평한 바닥뿐만 아니라 뾰족한 끝, 가느다란 낚싯줄 위에도 올릴 수 있습니다. 하지만 돌아가는 모습은 좀 달라집니다. 자이로팽이의 회전축의 끝에는 동그랗게 튀어나온 부분이 있습니다. 이 튀어나온 한쪽 끝을 오목한 쪽(오목뚜껑)에 올려놓고, 회전축이 거의 완전히 옆으로 눕도록 놓아봅시다. 이번에는 회전축을 반대로 해서, 반대쪽 튀어나온 끝을 오목뚜껑에 올려놓아봅시다. 자이로팽이가 어떻게 움직이나요? 처음과 어떻게 바뀌었나요?

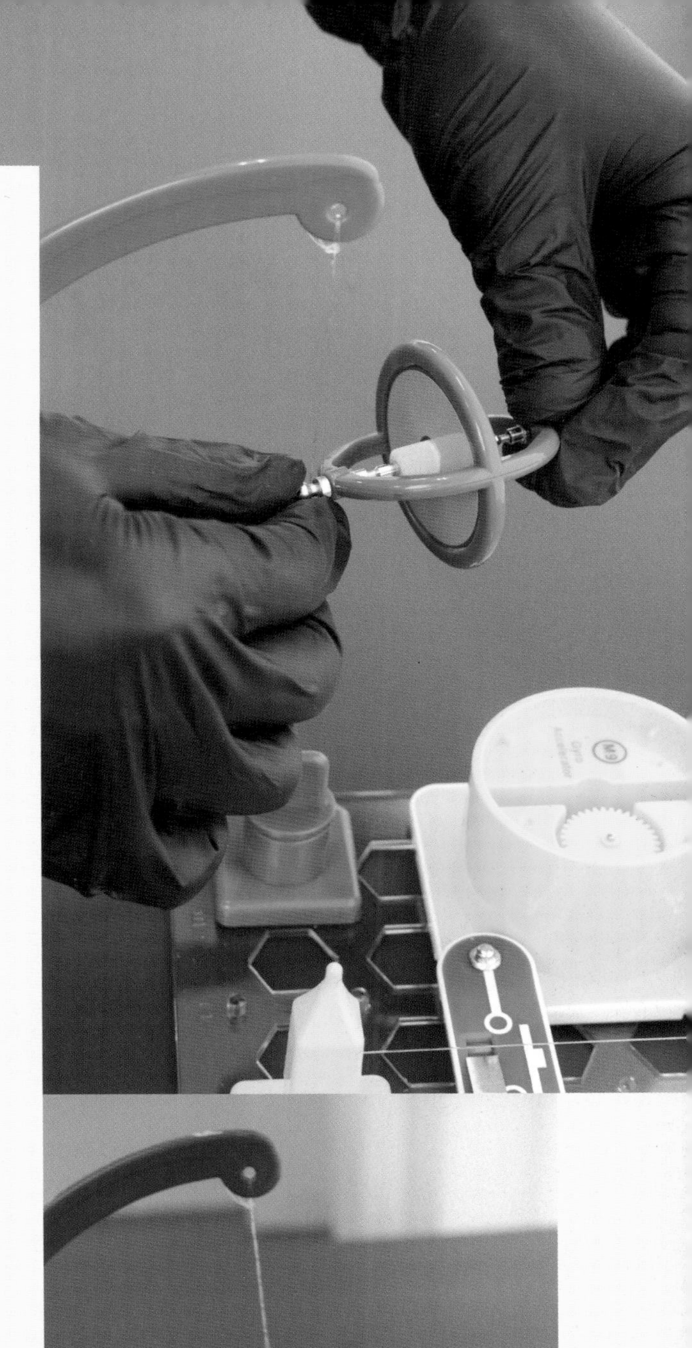

매달아봅시다

걸개에 낚싯줄을 늘어뜨리고, 그 끝에 팽이를 수평으로 매달기 위한 장치입니다. 팽이를 돌려놓고 줄에 매달아놓으면 팽이가 어떻게 될지 예측해봅시다. 떨어질까요? 바닥에 수평으로 놓았을 때처럼 가만히 있을까요?
걸개에 낚싯줄을 늘어뜨리고, 그 끝에 팽이를 수평으로 매달아봅시다. 어떻게 돌아가나요? 팽이를 돌리지 않고 걸어놓으면 곧 떨어지고 맙니다. 하지만 팽이를 돌려서 걸어놓으면 떨어지지 않아요! 게다가 수평 방향으로 빙글빙글 돌기까지 하지요. 자이로팽이가 이렇게 신기한 움직임을 보이는 이유는 무엇일까요? 그 이유를 43쪽에서 함께 알아봅시다.

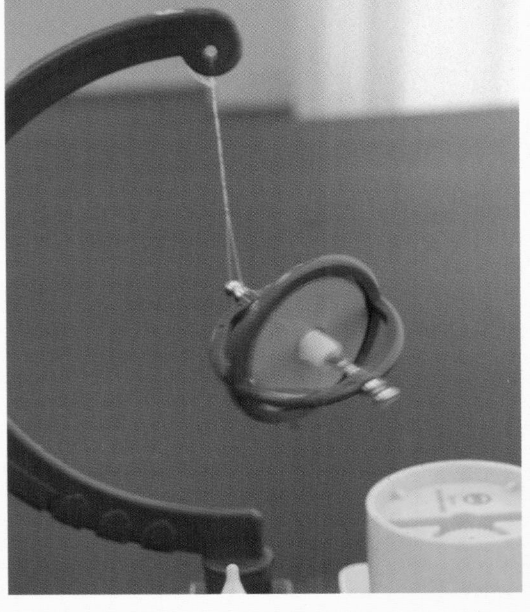

글: 메이커스 주니어 편집팀
사진 출처: www.shutterstock.com
참고자료: 《초등과학백과》

어떤 물체가 넘어질까?

넘어지는 물체와 넘어지지 않는 물체

무게중심의 비밀

줄 위에서도, 뾰족한 탑 끝에서도 쓰러지지 않는 자이로팽이.

자이로팽이는 왜 쓰러지지 않을까요? 불안정한 곳에서도 잘 서 있는 물체들을 하나하나 살펴보면서,

자이로팽이가 쓰러지지 않는 원리도 알아내 봅시다.

무게중심?

쓰러지는 물체와 쓰러지지 않는 물체

실수로 물컵을 건드려서 물이 쏟아진 적이 있지 않나요? 쓰러질 뻔한 컵이 아슬아슬하게 다시 바로 서서 다행히 물을 쏟지 않은 경험도 있지 않아요? 물컵을 엎어서 책상 위가 엉망이 된 경험이 누구나 한 번쯤은 있을 것입니다.

잘 쓰러지는 물체와 그렇지 않은 물체는 어떤 차이가 있을까요? 그 차이를 알려면, 먼저 '무게중심'이 무엇인지 알아야 합니다. 무게중심에 대해서 알아봅시다.

두께가 균일한 물체의 무게중심

'무게중심'이란 무엇일까요? 물체의 무게가 모인 한 점을 무게중심이라고 합니다. 무게중심을 받치고 있으면, 물체는 어느 쪽으로도 기울지 않고 잘 멈추어 있어요.

무게중심은 어디에 있을까요? 연필과 같은 물체를 생각해 봅시다. 연필은 두께도 재질도 균일한 막대기 모양입니다. 다른 부분보다 더 무겁거나 가벼운 부분이 없이, 물체의 각 부분마다 무게도 균일하지요. 이런 연필과 같은 물체의 무게중심은 한가운데에 있습니다.

사진출처: www.istockphoto.com

두께가 균일하지 않은 물체의 무게중심

모양이 불규칙하거나, 각 부분마다 무게가 다른 물체는 얼핏 보아 무게중심을 찾기 쉽지 않아 보여요. 하지만 이런 물체에도 무게중심은 있습니다. 이런 물체의 무게중심은 어떻게 찾을까요? 두께가 일정하지 않아 한쪽이 다른 쪽보다 무거운 막대의 무게중심에 대해서 생각해봅시다. 야구방망이는 한쪽이 더 두껍게 생겼습니다. 이렇게 야구방망이처럼 한쪽이 두꺼운 막대의 무게중심은, 한가운데에서 두께가 더 두꺼운 쪽에 더 가깝게 있습니다. 이것은 마치 시소나 지렛대, 양팔저울의 원리와도 같아요.

한쪽 끝이 더 무거운 막대의 무게중심은, 양팔저울의 수평과도 비슷합니다. 맨 아래 그림의 양팔저울에서, 양팔저울의 받침점은 양팔저울 전체를 수평으로 받치고 있습니다. 이 받침점은 더 무거운 쪽에 가깝게 다가가 있지요. 더 무거운 쪽에서 받침점까지의 위치는 다음과 같이 계산할 수 있습니다.

20g×6칸 = ?칸×30g

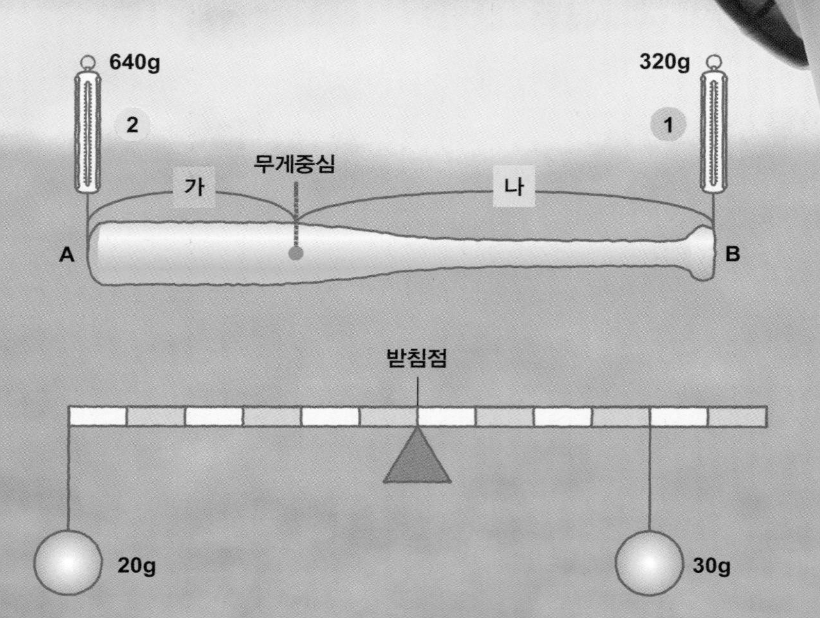

이때 '?'에는 어떤 수가 들어갈까요? 네, 맞아요. 정답은 '4'입니다.

이제, 다시 야구방망이를 생각해봅시다. 야구방망이를 그 무게중심에서 잘라, 두 조각으로 나눈다고 생각해봅시다. 그리고 두 조각 각각의 무게중심을 생각해봅시다. 전체 물체의 무게중심에서, 두 부분 각각의 무게중심까지의 거리는 마치 양팔저울에서 받침점의 무게를 구할 때와 같이 계산할 수 있습니다.

모양이 불규칙한 물체의 무게중심

모양이 불규칙한 물체의 무게중심은 어떻게 찾을 수 있을까요? 아래 그림은 모양이 불규칙하고 두께가 일정한 판 모양의 물체를 예시로 든 것입니다. 아래의 그림에서 보는 것처럼, 물체의 여러 부위에 줄을 달아 물체를 매답니다. 이때 줄에서 연장한 선을 긋는다고 생각해봅시다. 이 줄의 연장선끼리는 한 점에서 만납니다. 이 점이 이 물체의 무게중심입니다.

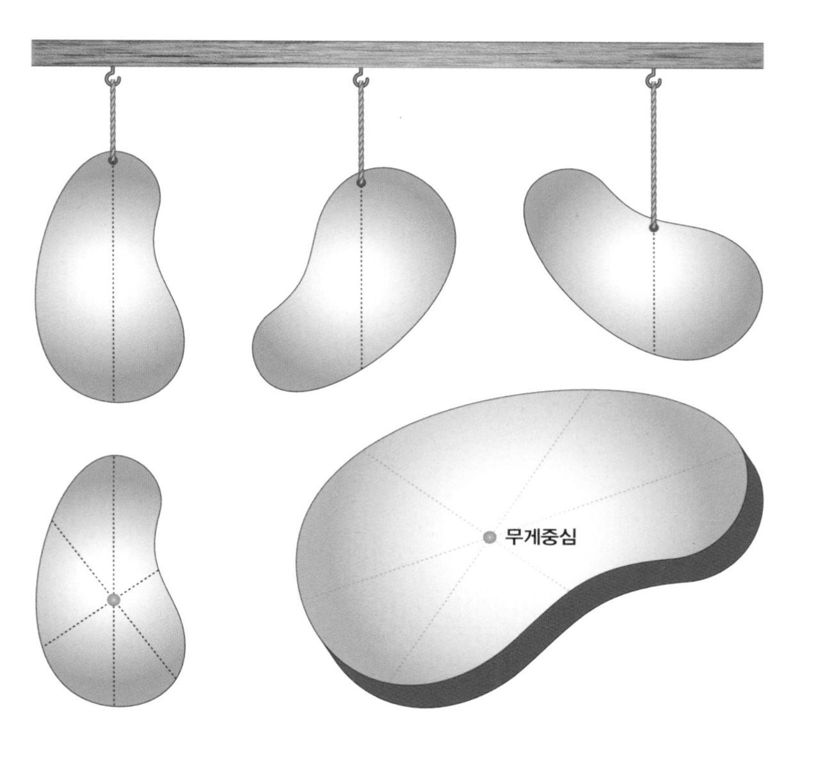

어떨 때 쓰러질까?

물컵이 쓰러지지 않으려면

물체가 쓰러질 때, 물체의 무게중심에는 어떤 일이 일어나는지 알아봅시다. 물체가 쓰러지지 않으려면, 그림과 같이 물체의 무게중심이 물체와 바닥이 닿은 면을 벗어나지 않아야 합니다.

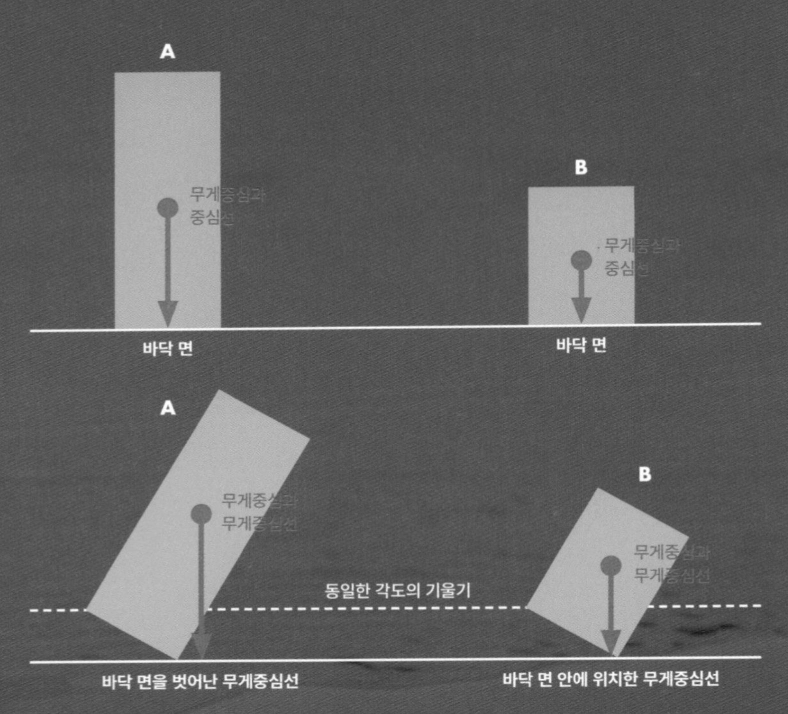

무게중심에서부터 아래로 향한 화살표는 중력이 물체를 당기는 힘을 나타냅니다. 이 화살표가 바닥 면 밖으로 벗어났을 때, 중력은 물체가 쓰러지는 방향으로 물체를 당기게 됩니다.

물체가 똑바로 서 있을 때, 물체를 당기는 중력은 바닥을 향해 아래로 물체를 당깁니다. 물체를 기울이면 어떻게 될까요?

A. 무게중심이 바닥면 바깥으로 나갔을 때: 물체가 쓰러지는 방향으로 힘이 작용합니다.

B. 바닥면 안에 있을 때: 다시 세우는 방향으로 힘이 작용합니다.

에구...
또 쏟아 버렸네.
어떻게 해야
안 쏟을 수 있지?

돌림힘은 무엇일까?

그림과 같은 양팔저울을 생각해봅시다. 양팔저울의 평형은 양쪽 팔을 기울게 하는 힘이 얼마나 크게 작용하는지에 의해 정해집니다.

(추 2개의 무게) × (거리 6칸) = (추 3개의 무게) × (거리 4칸)

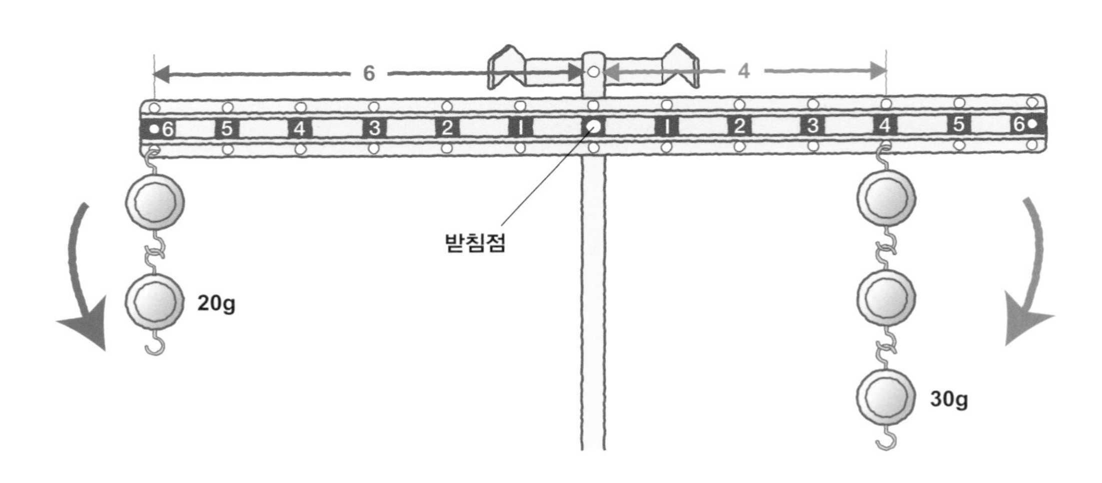

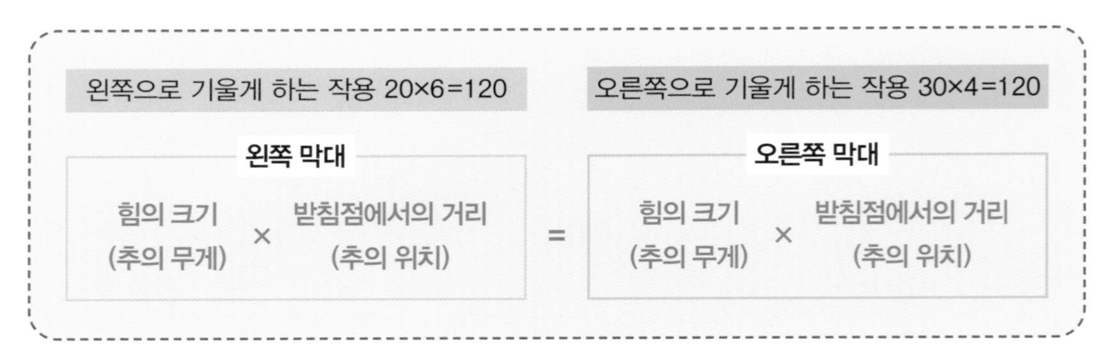

지렛대를 생각해봅시다. 세게 누를수록, 멀리 잡을수록 지렛대로 더 무거운 물체를 들 수 있습니다. 즉, 힘이 클수록, 그리고 반경이 클수록 돌림힘은 커집니다. 시소, 지렛대, 양팔저울 등에서 같은 원리를 발견할 수 있습니다.

중력은 물체와 바닥이 닿아있는 점을 중심으로 물체를 회전하게 만들 것입니다. 이때, 무게중심이 바닥 면을 벗어나면 어떻게 될까요? 이 무게중심을 당기는 중력이 만드는 돌림힘은 물체를 더 잘 쓰러지는 쪽으로 기울게 만들 것입니다. 반대로, 무게중심이 바닥 면을 벗어나지 않는다면, 물체가 바로 서는 방향으로 기울게 만들 것입니다.

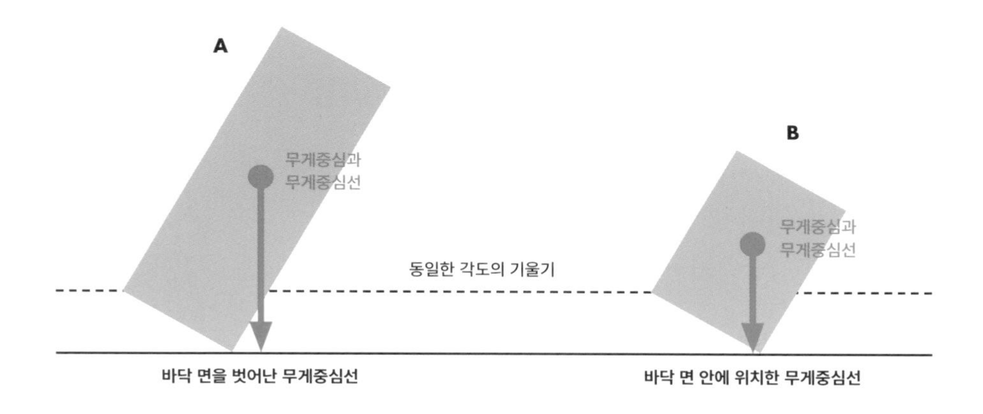

'발명가' 마이클 잭슨?

'린 동작'의
비밀을 알고싶어?

아래 사진을 보세요. 이 동작은 '린(Lean)'이라고 불리는 춤동작입니다. 사진과 같이 몸을 꼿꼿하게 편 채, 쓰러지지 않고 앞으로 크게 기울이며 버티는 동작이죠. 마치 중력을 거스르는 초능력이라도 있는 듯한 느낌을 줍니다. 그런데, 저 상태로 앞으로 쓰러지지 않는 것이 가능할까요? 사진에서 보듯, 몸의 무게중심이 발바닥 면을 크게 벗어나 있어요. 저 상태로는 금방 쓰러질 것이 분명해 보입니다. 그런데 실제로 무대에서 춤을 추는 모습을 보면 천천히 몸을 기울였다가 다시 일어나기까지 합니다! 그래서 마치 중력을 거스르는 것처럼 보이죠.
이 린 동작은 미국의 전설적

인 가수인 마이클 잭슨(Michael Jackson)이 1992년에 발표한 〈Smooth Criminal〉이라는 곡의 안무에서 보여주었습니다. '팝의 황제'라고도 불리는 마이클 잭슨은 그 놀라운 춤 실력으로 유명하죠. 하지만 아무리 그런 마이클 잭슨이라도 중력의 법칙을 거스르지는 못할 텐데, 대체 어떻게 된 것일까요?

그 비밀은 신발에 있습니다. 린은 신발 뒤꿈치의 굽과 무대 바닥에 특수한 장치를 해 두었기 때문에 가능한 동작입니다. 무대 바닥에는 미리 걸쇠가 장치되어 있죠. 그리고 춤을 출 댄서는 뒤꿈치의 구두 굽 바닥에 홈이 파여있는 특수한 신발을 신죠. 이 홈에 바닥의 걸쇠를 끼워서, 발 뒤꿈치가 바닥에서 떨어지지 않도록 합니다. 그리고 발목의 힘으로 몸을 기울이죠.

마이클 잭슨은 무대에서 이 춤을 추기 위해 이 특수한 장치를 직접 발명하고 특허도 내었습니다(1992년에 출원, 1993년 등록). 마이클 잭슨은 발명가이기도 했던 것이죠!

물론 이런 특수한 장치만 있다고 아무나 린을 할 수 있는 것은 아닙니다. 지렛대의 원리를 생각해보면 이 춤이 얼마나 어려운지 알 수 있을 거예요. 린을 마이클 잭슨처럼 잘 추려면 발목의 힘만으로 체중보다도 더 큰 힘을 버텨야 할 것입니다. 실제로 이 특수한 신발에는 걸쇠 뿐만 아니라, 발목을 보호할 수 있는 장치가 포함되어 있어요. 그런데도 발목의 아킬레스건에 큰 무리가 갈 수도 있다고 합니다. 더 수준 높은 무대를 보여주기 위한 마이클 잭슨의 노력이 대단하지요?

몸에 작용하는 힘을 살펴보면 마치 지렛대 같아요. 몸을 많이 기울일수록 춤은 훌륭해지지만, 발목에는 더 큰 힘이 듭니다.

린 동작을 동영상으로 감상해봅시다.

잘 쓰러지는 물체는?

지금까지 공부한 내용을 가지고, 잘 쓰러지는 물체와 잘 쓰러지지 않는 물체를 생각해봅시다. 그리고 잘 쓰러지는 물체를 잘 쓰러지지 않는 물체가 되도록 설계해봅시다.

잘 쓰러지는 물체는 무게중심이 높고 바닥 면적이 좁아서, 무게중심이 바닥 면을 벗어나기 쉬운 물체입니다. 반면, 잘 쓰러지지 않는 물체는 무게중심이 낮고, 바닥 면적이 넓은 물체입니다.

잘 쓰러지는 물체를 잘 쓰러지지 않게 바꿔볼까요?

트럭 뒤에 크레인이 달린 중장비를 본 적이 있나요? 공사 현장에서 크레인이 필요할 때가 있는데, 트럭 뒤에 크레인을 달면 언제든지 달려갈 수 있습니다. 그런데 크레인은 무거운 물체를 높이 들면 무게중심이 높아져서 쓰러지기가 쉬워집니다. 크레인이 잘 쓰러지지 않게 하려면 어떻게 해야 할까요?

이런 크레인은 폈다 접었다 할 수 있는 발이 있습니다. 크레인으로 무거운 물체를 들 때, 트럭에서 발 여러 개가 바깥쪽으로 뻗어서 땅을 단단하게 짚습니다. 무게중심이 트럭 바퀴 바깥으로 튀어 나가더라도, 뻗어 나온 발들 사이에 위치한다면 넘어지지 않습니다. 일을 마치면 다시 다리를 접어 넣고 도로를 달리지요.

발이 있을 때는 바닥 면적이 넓어집니다. 그러니 쓰러지기 어렵죠. 하지만 발을 접어 넣었을 때는 바닥 면적 좁아져서, 크레인으로 무거운 물체를 들 때 쓰러지기 쉽습니다.

잠깐! 알아봅시다

균형 잡는 새 인형

사진 속의 새 인형을 봅시다. 새 인형의 부리 끝을 손가락 하나로 받치고 있어요. 금방이라도 꼬리 쪽으로 쓰러져 떨어질 것 같지만, 떨어지지 않고 균형을 잡고 있습니다. 마치 손가락을 부리로 물고 버티고 있는 것 같아요.

이 인형은 어떻게 쓰러지지 않고 균형을 잡고 있는 것일까요? 자세히 보면, 새 인형의 날개가 인형을 받치고 있는 손가락 끝보다 아래로 내려가 있어요. 이 날개 부분이 무겁게 설계되어 있지요. 그러면 무게중심이 손가락보다 아래에 있게 되지요. 게다가 이 무거운 날개 부분이 새의 머리보다 앞쪽으로 뻗어있어요. 이 새 인형은 어느 쪽으로 기울더라도 돌림힘이 인형을 도로 세우는 방향으로 작용합니다.

글: 메이커스 주니어 편집팀
사진 출처: 한민세, www.shutterstock.com

전기, 관성, 그리고 마찰력

팽이가 멈추지 않게 하는 힘

팽이가 멈추거나 쓰러지지 않고 계속 돌아가는 상태를 유지하도록 만들어주는 힘은 무엇일까? 얼핏 간단한 현상처럼 보이지만, 실제로는 여러 가지 현상이 관여하고 있다. 팽이의 움직임을 자세히 분석해보자.

팽이를 돌리는 전기의 힘

우리의 자이로팽이는 전기의 힘을 이용해 모터로 돌립니다. 팽이를 빠르게 돌리기 쉽도록, 팽이를 돌리는 장치인 모터뭉치가 있습니다. 모터뭉치 안에는 모터와 톱니바퀴가 있어서, 전지를 넣고 스위치를 누르면 전기가 흘러 모터가 톱니바퀴를 돌립니다. 이 톱니바퀴가 팽이에 달려있는 톱니바퀴와 맞물리면서 팽이를 돌려줍니다.

전기 회로에 대해 자세히 알아봅시다. 전지의 양쪽 극을 전선으로 연결하면, 전지의 (+)극에서 (-)극으로 전류가 흐릅니다. 모터는 전기에너지를 운동에너지로 바꾸는 장치입니다. 모터에 달린 톱니바퀴가 팽이에 달린 톱니바퀴와 맞물리면서, 팽이를 돌립니다. 톱니바퀴는 한 물체의 회전을 다른 물체에 전달하는 장치입니다.

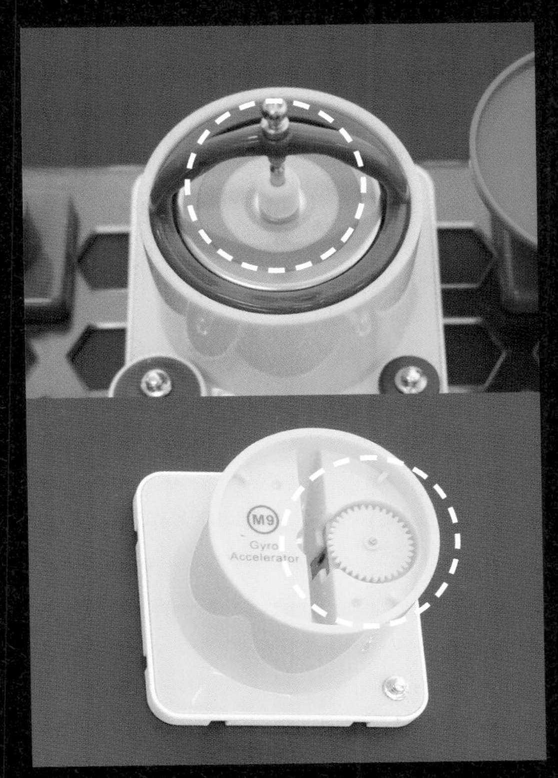

톱니바퀴는 한 물체의 회전을 다른 물체에 전달하는 장치입니다.

전기회로

전지와 모터뭉치는 전선으로 연결되어, 전기 회로를 이루고 있습니다. '회로'란 '고리처럼 되어 있는, 전기가 흐르는 길'입니다. 이 '고리'가 끊기면 전기가 흐르는 길이 끊어진 것입니다. 그래서 전기가 흐르지 못합니다.

전기에너지는 여러 가지 다른 에너지로 바뀔 수 있습니다. 모터는 전기의 에너지를 운동에너지로 바꾸는 장치입니다. 모터 대신 전구를 달면 빛에너지로 바뀌었을 것입니다.

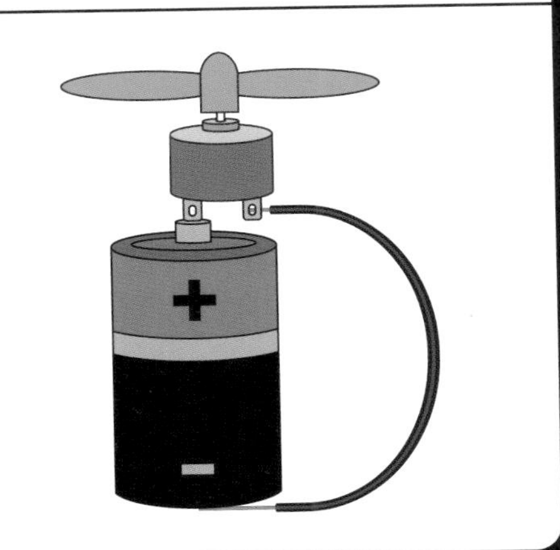

팽이를 계속 돌아가도록 만드는 '관성'

모터를 이용해 한번 돌려놓은 팽이는, 모터뭉치에서 꺼내도 한참을 계속해서 돌아갑니다. 팽이를 돌려주는 모터가 더 이상 연결되어 있지 않은데도 계속 돌아가는 것은 왜일까요?

'힘'이란?

물체에 힘을 가하면, 그 물체의 운동 상태가 바뀝니다. 멈추어있는 물체는 운동하고, 운동하는 물체는 멈추거나 속도가 바뀌지요.
멈추어 있는 장난감 자동차가 있다고 생각해봅시다. 이 자동차를 잡고 손으로 밀면 어떻게 될까요? 네, 맞습니다. 장난감 자동차가 앞으로 굴러갑니다. 반대로, 이미 움직이고 있는 장난감 자동차에 움직이는 반대 방향으로 힘을 가하면 장난감 자동차가 느려지거나 멈출 것입니다. 더 세게 힘을 가하면 반대 방향으로 움직이게 되겠지요. 움직이고 있는 장난감 자동차를 움직이던 방향으로 힘을 가하면 더 빠르게 갈 것입니다.

'관성'이란?

손으로 장난감 자동차를 다시 한번 밀어봅시다. 이번에는 자동차를 앞으로 쭉 밀어봅시다. 손에서 장난감 자동차가 떨어진 다음에도 계속 앞으로 굴러가도록 할 수 있습니다. 가만히 생각해보면, 손을 떼었으니 아무 힘이 가해지지 않고 있어, 자동차가 멈출 것도 같습니다. 그런데 어째서 앞으로 계속 굴러가는 것일까요?
운동하는 물체는 힘을 가하지 않는 한, 그 운동 상태를 계속 유지하려고 합니다. 가만히 있던 장난감 자동차는 힘을 주지 않으면 저절로 움직이지 않고, 움직이고 있을 때는 손으로 잡아야 멈춥니다. 이것을 '관성'이라고 합니다.

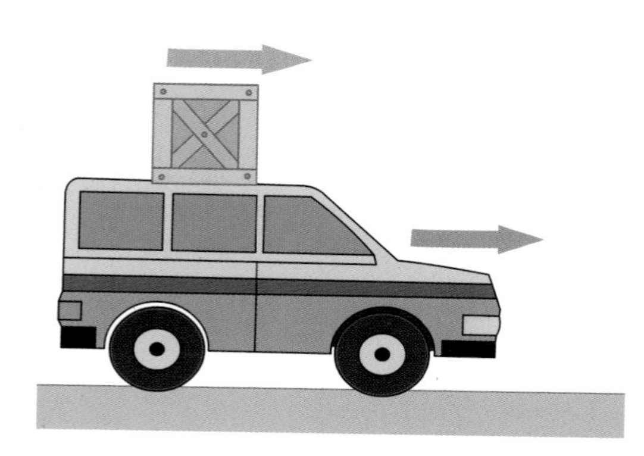

장난감 자동차에 작은 상자를 올려놓고 움직이면 어떻게 될까요? 그 자동차를 갑자기 멈추면 어떻게 될까요? 자동차는 힘을 받아서 멈추지만, 올려놓은 상자는 관성 때문에 계속 앞으로 가려 할 것입니다. 따라서 자동차에서 떨어져 상자는 앞으로 튀어나갑니다.

물체에 힘을 가하면 운동 상태가
바뀐다는 것도, 관성의 법칙도 모두 저 유명한
뉴턴이 발견한 것입니다. 자연계에는 이렇게
처음의 상태를 그대로 유지하려고 하는 모습을
많이 관찰할 수 있어요.

움직임을 멈추는 '마찰력'

한번 밀어놓은 장난감 자동차는 계속해서 굴러가지만, 점점 느려지다가 결국 멈춥니다. 앞에서 뉴턴은 힘을 가하지 않으면 운동 상태가 변하지 않는다고 했는데, 어떤 힘이 가해졌길래 굴러가던 자동차가 멈춘 것일까요? 바로 마찰력입니다. 마찰력은 운동을 방해하는 힘입니다.

얼핏 보기에는 아무런 힘이 가해지고 있지 않은 것처럼 보여도, 실제로는 마찰력이 있기 때문에 결국에는 멈춥니다. 굴러가는 장난감 자동차에는 바닥과 바퀴 사이, 바퀴 축과 자동차 몸통 사이에 마찰력이 작용합니다.

거친 표면일수록, 면적이 넓을수록, 움직이는 물체가 바닥을 누르는 압력이 높을수록 마찰력은 커집니다. 같은 면적에 같은 표면이라면 더 무거운 물체가 마찰력이 커지겠지요? 하지만 물체가 더 무겁다고 해서 꼭 마찰력이 더 커지는 것은 아닙니다.

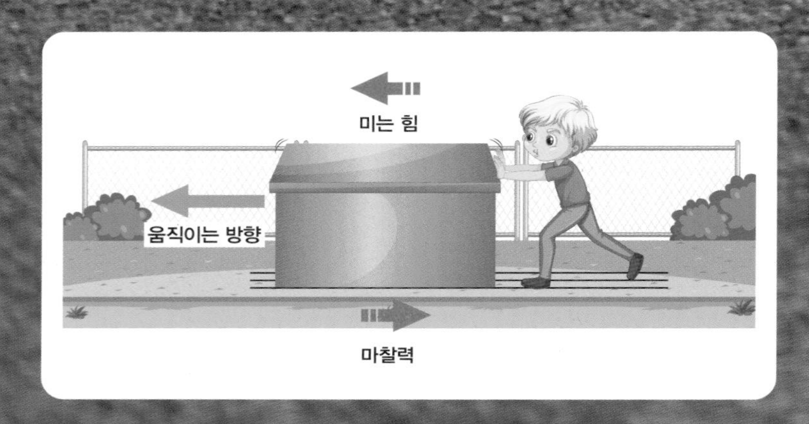

윤활

얼음판 등과 같은 곳에서는 쉽게 미끄러져 넘어집니다. 바로 신발 바닥과 얼음판 사이의 마찰력이 작기 때문입니다. 기름이 발려진 바닥 위에서도 마찰력이 작아 쉽게 미끄러지지요.
마찰력을 줄여주는 것을 '윤활'이라고 합니다. 우리의 자이로팽이의 회전축과 테두리 사이에서도 마찰이 일어납니다. 만약 팽이가 돌아가는 속도가 쉽게 느려진다면 적절한 윤활제를 찾아 윤활을 해보는 것도 좋습니다.

자동차 엔진과 같은 곳에도
플라이휠이 들어갑니다. 플라이휠은
엔진이 안정적으로 돌아가도록
도와줍니다. 갑자기 회전이
멈추거나 빨라지려고 할 때,
플라이휠은 이런 갑작스러운 변화를
방해하여 가속이나 감속이 서서히
이루어지도록 합니다.

회전하는 물체의 마찰과 관성

장난감 자동차는 직선 방향으로 움직이는 물체입니다. 그렇다면 우리의 자이로팽이처럼 회전하는 물체는 어떨까요? 이때도 알고 보면 앞에서 살펴본 장난감 자동차와 비슷합니다.

제자리에서 빠른 속도로 돌아가는 바퀴도, 장난감 자동차와 비슷하게 그 운동상태를 계속 유지하려고 합니다. 그래서 한번 돌려놓은 팽이는 계속해서 돌아가려고 합니다. 하지만 직선 운동과 비슷하게, 실제로는 마찰력이 있기 때문에 회전하는 속도가 점점 느려집니다. 그러다가 결국에는 멈추지요.

자이로팽이의 마찰은 어디에서 일어날까요? 바로 회전축과 테두리가 만나는 곳입니다. 이곳에서 마찰력을 줄이면 팽이가 더 오래 돌아가게 할 수 있습니다.

플라이휠

장난감 자동차 중에는 '플라이휠'이라는 부품이 들어 있는 것이 있습니다. 플라이휠은 회전축에 달아놓은, 무게가 무거운 원반입니다. 이렇게 바퀴에 플라이휠이 연결된 장난감 자동차는, 다른 장난감 자동차보다 쉽게 멈추지 않습니다. 멈춰 있을 때 굴리기가 힘들지만, 한번 굴려놓으면 잘 멈추지 않고 계속해서 나아갑니다. 플라이휠이 무거울수록, 빠르게 돌고 있을수록 관성이 커져서 멈추기도, 가속하기도 힘들어요.

무게가 무거우면 운동 상태를 바꾸기 힘듭니다. 그런데 이것은 회전하는 물체에서도 마찬가지입니다. 우리의 자이로팽이도 팽이 속 원판이 더 무거웠다면 더 오래 돌 것입니다.

회전축과 관성

팽이의 바닥은 뾰족합니다. 앞에서 살펴보았듯이, 이런 물체는 쓰러지기 쉬워요. 그런데도 돌아가는 팽이는 잘 서 있습니다. 왜일까요?

바닥이 뾰족한 물체를 세우려고 하면 잘 서 있지 않아요. 바닥면이 너무 좁아서 무게중심이 금방 바닥면을 벗어나고 말기 때문입니다. 팽이는 돌고 있는 동안에만 서 있어요.

바닥이 뾰족한 팽이를 돌리지 않고 세우려고 하는 경우를 살펴볼까요? 바닥면이 좁아서, 무게중심이 바닥면을 쉽게 벗어납니다. 마치 무게중심이 바닥면을 벗어난 물컵처럼 쓰러지고 말지요. 우리의 자이로팽이도 마찬가지로, 돌리지 않고 멈춘 채로 세워놓으면 금방 쓰러지고 맙니다. 하지만 돌려놓으면 쓰러지지 않지요.

무게중심을 잘 맞추면 뾰족한 끝으로도 서있게 만들 수 있습니다. 물론 조금만 흔들려도 금방 넘어져버리고 말지요. 회전하는 물체는 그 회전축을 잘 바꾸지 않으려 합니다. 이것도 '관성'이지요! 그래서 회전하는 팽이는 잘 쓰러지지 않습니다. 쓰러지려면 회전축이 기울어져야 할 테니까요.

실제 팽이는 앞에서 살펴본 '마찰력' 때문에 회전하는 빠르기가 점점 느려집니다. 그러면 회전속도가 빠를 때는 꼿꼿이 서 있던 회전축이, 회전속도가 느려지면서 점점 기울어집니다. 회전속도가 더 느려질수록 더 많이 기울어집니다. 그러다가 마침내 쓰러지고 말지요.

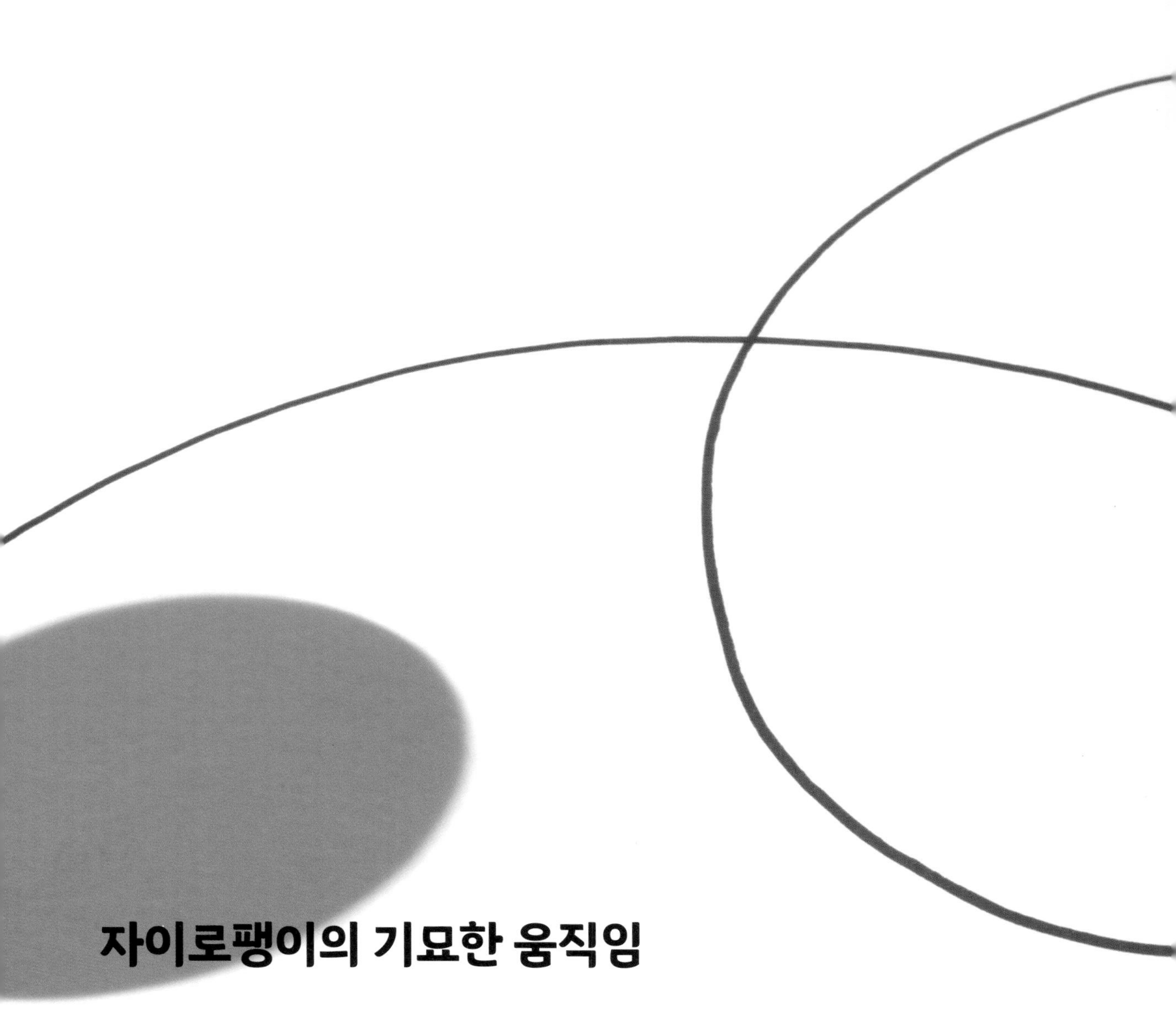

자이로팽이의 기묘한 움직임

팽이가 느려지면서 쓰러지려 할 때, 팽이의 회전축이 도는 것을 볼 수 있습니다. 우리의 자이로팽이를 사용해보았다면, 자이로팽이를 돌려서 축이 가로로 되도록 걸개의 줄에 걸었을 때 팽이가 누운 채로 회전축이 돌아가는 것을 봤을 것입니다. 이것도 원래의 회전 상태를 유지하려고 하는 성질 때문입니다.

팽이의 회전축이 기울어지면, 중력은 기울어진 팽이를 아래로 잡아당기며 더욱 기울이려고 합니다. 그런데 이렇게 중력에 따라 팽이가 기울어지면, 처음과는 회전의 방향이 달라지게 되겠지요.

이제 팽이는 기울어지기 전 원래의 상태를 유지하려고 합니다. 그렇다고 팽이가 중력을 거슬러서 도로 설 수 있는 것은 아니죠. 그 대신 팽이의 회전축이 돌게 됩니다. 겉보기에는 쉽게 이해가 되지 않는 이상한 움직임이지만, 기울어진 후의 팽이의 회전과 회전축의 회전을 합쳐져서 기울어지기 전의 회전과 같게 하려는 현상입니다.

글: 메이커스 주니어 편집팀
사진 출처: www.shutterstock.com

우리 주변의 자이로

우리 주변에서 볼 수 있는 자이로의 원리

우리 주변에는 자이로 팽이와 같은 원리로 움직이는 물체들이 많이 있다. 주변을 잘 살펴보고, 숨어있는 자이로의 원리를 찾아보자.

이 탈것은 바퀴가 두 개 뿐이지만, 앞으로도 뒤로도 쓰러지지 않습니다. 게다가 앞으로 기울이면 앞으로 가고, 뒤로 기울이면 뒤로 갑니다. 내부에 있는 자이로스코프가 기울기를 감지하여, 전자 장치로 균형을 잡기 때문입니다.

자전거 바퀴가 넘어지지 않는 이유

여러분은 자전거를 탈 줄 아시나요? 자전거를 처음 배울 때, 자꾸만 넘어졌던 기억이 날 거예요. 넘어질까 조심스러운 마음에 천천히 페달을 돌리면 오히려 비틀비틀 잘 넘어지기 쉽습니다. 하지만 용기를 내서 과감하게 페달을 밟아 속력을 내면 잘 쓰러지지 않지요.

자전거는 두 개의 바퀴만으로 앞으로 달립니다. 자동차 바퀴처럼 두껍지도 않고, 앞뒤로 나란히 배치되어 있어서 몹시 불안정해 보입니다. 실제로 멈추어 있는 자전거는 쉽게 쓰러지지요. 하지만 달리고 있는 자전거는 그렇지 않습니다. 달리는 자전거는 멈추어있는 자전거와 그리 달라 보이지도 않는데, 왜 넘어지지 않을까요?

자이로팽이를 자전거 바퀴처럼 세로로 세워봅시다. 먼저, 팽이를 돌리지 않은 채로도 세워봅시다. 어떻게 될까요? 물론, 곧바로 옆으로 쓰러집니다. 이번에는 팽이를 돌린 후 똑같이 세워봅시다. 이번에는 쓰러지지 않는 것을 볼 수 있습니다.

앞서 살펴보았듯이, 회전하는 물체는 회전축을 바꾸지 않으려 합니다. 자전거가 달리는 동안, 두 자전거 바퀴는 회전합니다. 마치 자이로팽이의 원판처럼 말이지요. 자전거 바퀴도 회전하는 동안은 자이로팽이의 원판처럼 회전축을 바꾸려 하지 않습니다. 자전거 바퀴가 빠르게 돌수록 자전거는 잘 쓰러지지 않습니다. 하지만 속력이 느리면 쓰러지기 쉽습니다.

(왼쪽) 자이로팽이의 원판부분이 자전거 바퀴처럼 세로로 서있도록 세워둔 있는 사진. (오른쪽) 자이로팽이가 쓰러져있는 사진

세워둔 자전거는 발로 받치지 않으면 곧 쓰러집니다. 하지만 달리는 자전거는 잘 쓰러지지 않습니다. 왜 그럴까요?

바퀴로 움직이는 인공위성?

우주공간에 떠 있는 인공위성이 바퀴로 움직인다면 믿을 수 있을까요? 인공위성에는 진짜로 바퀴가 달려 있어요. 물론 자동차처럼 바닥에 닿아있는 바퀴를 굴려서 움직이는 것은 아닙니다. 우주에는 바닥이 없으니까요.
이 바퀴는 자이로팽이와 비슷한 원리로 인공위성을 움직입니다. 우리가 자이로팽이를 통해 배운 원리는 실제로 인공위성에도 쓰이고 있습니다. 한번 자세히 알아볼까요?

인공위성이 움직이는 이유

인공위성은 지구 주위를 돌며 여러 가지 일을 합니다. 인공위성은 이런 여러 가지 일을 하기 위해 끊임없이 움직입니다. 하늘에 가만히 떠 있는 것이 아니라, 지구를 돌고 있지요. 그리고 그 궤도 위에서도 얌전히 돌고만 있는 것이 아니라, 끊임없이 움직이지요.

인공위성은 그 임무를 수행하기 위해서 자세를 바꿉니다. 예를 들어, 어떤 우주에서 지상의 위성사진을 찍는 인공위성을 생각해봅시다. 위성사진을 찍으려면 찍으려는 대상이 있는 방향으로 카메라를 향해야 하겠지요? 그러기 위해서는 인공위성이 몸을 돌려야 할 경우가 생길 거예요.

또, 인공위성은 궤도를 벗어나지 않기 위해서도 움직입니다. 인공위성이 지구 주위를 돌다 보면 그 궤도를 조금씩 벗어날 수 있습니다. 지구의 중력도 사실은 아주 조금씩 흔들리거든요. 게다가 인공위성은 다른 행성이나 혜성의 중력에 영향을 받아 움직이기도 합니다. 이런 식으로 조금씩 흔들리는 인공위성을 그대로 놔두면 어떻게 될까요? 인공위성은 결국 궤도에서 벗어나고, 그러다가 지구로 떨어져 버릴지도 몰라요!

국제우주정거장(ISS)에 쓰이는 휠. ISS의 수리를 위해 우주왕복선에 실어 보내기 전, 미항공우주국(NASA) 과학자들이 휠을 살펴보고 있습니다.

사진출처: https://images.nasa.gov/details/KSC-07pd0229

인공위성을 움직이는 장치

그래서 인공위성이 원하는 위치에서 원하는 자세를 취하도록 끊임없이 조정해주어야 합니다. 인공위성 안에는 이렇게 자세를 바꾸기 위한 여러 가지 장치가 들어있습니다.

인공위성이 궤도 위에서 움직이려면 무엇이 필요할까요? 작은 로켓을 달면 어떨까요? 실제로 인공위성에는 작은 로켓이 달려 있기도 합니다. 그런데 로켓은 연료를 다 쓰고 나면 더 이상 사용할 수가 없지요. 연료는 인공위성을 지구에서 발사할 때 미리 준비해 가야 하는데, 언젠가는 이 연료를 다 쓰지 않겠어요? 그래서 이 작은 로켓은 꼭 필요할 때만 사용해야 하죠. 연료를 쓰지 않고도 자세를 바꿀 수 있는 장치가 바로 '바퀴'에요. 바퀴를 돌리는 데는 연료가 필요하지 않아요. 전기로 움직이는 모터를 사용해서 돌리니까요. 인공위성에는 태양 빛으로 전기를 생산하는 태양전지판이 달려 있는데, 이 전기로 모터를 움직이지요.

인공위성의 바퀴

바닥도 없는 우주공간에서 인공위성은 어떻게 바퀴를 쓰는지 알아볼까요? 인공위성 안에는 무거운 바퀴가 여러 개 들어있어요. 모터로 이 바퀴들을 빠른 속도로 돌립니다. 인공위성은 우주에 떠있기 때문에 자동차 바퀴처럼 달리는 데 쓰는 것은 아니지만, 이 바퀴가 돌아가는 속도나 방향을 바꾸어서 인공위성이 향하는 방향을 바꿀 수 있습니다. 이런 바퀴를 리액션휠이라고 합니다.

잠깐! 알아봅시다

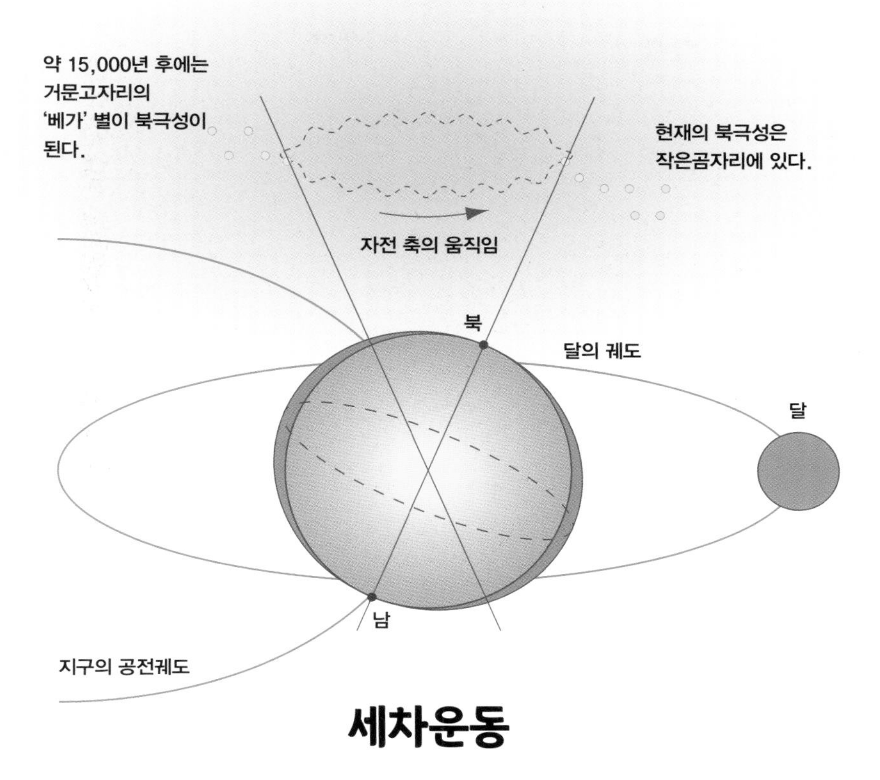

세차운동

세차운동은 '자전하는 물체의 회전축이 원을 그리며 움직이는 현상'입니다. 자이로팽이를 돌린 다음, 바닥에 세우고 회전축을 살짝 기울여봅시다. 어떻게 될까요? 회전축의 윗부분이 원을 그리며 돌아가는 것을 볼 수 있습니다.

지구도 자전을 하면서, 우리의 자이로팽이처럼 자전축이 회전하고 있습니다. 이 세차운동 때문에 극축이 바뀝니다. 지구의 경우 약 25,800년이 지나면 원래의 위치로 자전축이 돌아옵니다. 수천 년이 지나면 북극성이 바뀝니다. 지구의 자전축을 연장했을 때 북쪽 끝에 있는 별이 북극성이죠. 그러니 자전축이 움직여서 다른 별을 가리키게 되면 다른 별로 북극성이 바뀌게 되겠죠?

태양과 달의 영향으로, 기울어진 지구 자전축을 세우려는 힘이 생깁니다. 그래서 팽이의 꼭지처럼 지구의 자전축도 돌게 됩니다. 자이로팽이의 세차운동은 팽이를 아래로 잡아당기려는 중력(팽이를 쓰러뜨리는 방향으로 작용함) 때문에 생기지만, 지구의 세차운동은 자전축을 세우려는 힘이 작용합니다. 그래서 자전축이 세차운동하는 방향은 팽이와는 반대입니다.

휴대전화와 비행기의 자이로

스마트폰에도 자이로팽이와 비슷한 장치가 들어있습니다. 바로 '자이로스코프'입니다. 자이로스코프는 비행기에서 쓰여왔습니다. 비행기가 얼마나 기울었는지 알기 위해서였지요. 비행기가 공중을 날고 있는 동안에는, 조종사는 비행기가 얼마나 기울어져 있는지 잘 알 수 없을 수도 있습니다. 이럴 때 비행기가 기울어진 방향과 각도를 알 수 있게 해주는 장치가 자이로스코프입니다.

스마트폰 안에는 여러 가지 센서가 들어있어요. 이 센서들이 자이로스코프의 기능을 합니다.

자이로스코프 안에는 우리의 자이로팽이처럼 빠르게 회전하는 회전판 들어있습니다. 자이로스코프 내부에는 회전판을 돌리는 모터가 들어있어서, 마찰력에 의해 느려지다가 멈추는 일이 없이 빠르게 돌릴 수 있습니다. 이 원반을 어느 방향으로든 자유롭게 회전할 수 있는 틀 안에 넣습니다. 이 틀을 비행기 몸체에 고정합니다. 그러면 비행기가 기울어도 틀만 움직일 뿐 회전판은 회전축을 바꾸려고 하지 않기 때문에, 회전판은 원래의 방향을 그대로 유지합니다. 비행기 조종사는 이 원판이 어느 쪽으로 얼마나 기울어져 보이는지를 보고, 비행기가 어느 쪽으로 얼마나 기울었는지를 알 수 있지요. 회전판이 왼쪽으로 30도만큼 기울어져 있으면, '아, 비행기가 오른쪽으로 30도만큼 기울었구나'하고 알 수 있는 것이지요.

스마트폰과 등에도 기울기를 알 수 있는 자이로스코프가 들어있어요. 스마트폰의 지도 앱을 보고 길을 찾아가 보거나, 가구의 수평을 맞추는 것을 본 적이 있나요? 게임기에도 기울기를 측정할 수 있는 자이로스코프가 있지요. 게임기를 자동차 핸들처럼 움직여, 자동차를 조종하는 게임을 해 본 적이 있나요? 스마트폰과 게임기 안에 들어있는 자이로스코프로 기울기를 측정할 수 있기 때문에 가능한 일입니다.

스마트폰이나 게임기 속의 자이로스코프에는 회전하는 물체가 들어있지는 않습니다. 대신 반도체로 정교하게 만들어진, 아주 작은 자이로스코프가 있습니다. 그래서 얇은 스마트폰 안에도 들어갈 수 있어요.

글·사진: 메이커스 주니어 편집팀
감수: 국립과천과학관

과학관에서 발견한 자이로팽이

국립과천과학관 과학탐구관을 가다

국립과천과학관에는 여러 가지 과학 지식을 배울 수 있는 전시관이 많이 있다. 그중에서도 특히 과학탐구관은 과학의 원리를 체험할 수 있는 전시물이 많은 곳이다. 우리의 자이로팽이의 원리를 알아볼 수 있는 전시물도 여기에 있다.

국립과천과학관은 어떤 곳?

국립과천과학관은 기초과학, 응용과학, 자연사, 과학기술사 등에 관한 여러 가지 자료를 수집, 연구하고 전시하는 곳입니다. 과천시에 있는 곳이지만, 서울에 사는 친구들은 전철을 타고 4호선 대공원역에 내리면 금방 가볼 수 있어요. 우리 학생들이 배우고 체험할 수 있는 여러 전시관이 많이 있어요.

과학탐구관을 찾아가보자!

함께 '과학탐구관'을 방문해보도록 할까요? 과학탐구관은 '과학의 원리를 몸으로 느낄 수 있는' 전시관입니다. 직접 만지면서 과학의 원리를 체험할 수 있는 여러 가지 전시물로 채워져 있어요. 보기만 하는 것이 아니라 스스로 조작해 보면서 탐구할 수 있지요. 이런 전시물이 60개가 넘어요! 하루 종일 돌아다녀도 다 살펴보지 못할 만큼 많지요.
과학탐구관의 전시물 중에는, 우리의 자이로팽이의 원리를 실험할 수 있는 전시물도 있어요. 한번 가서 살펴보도록 할까요?

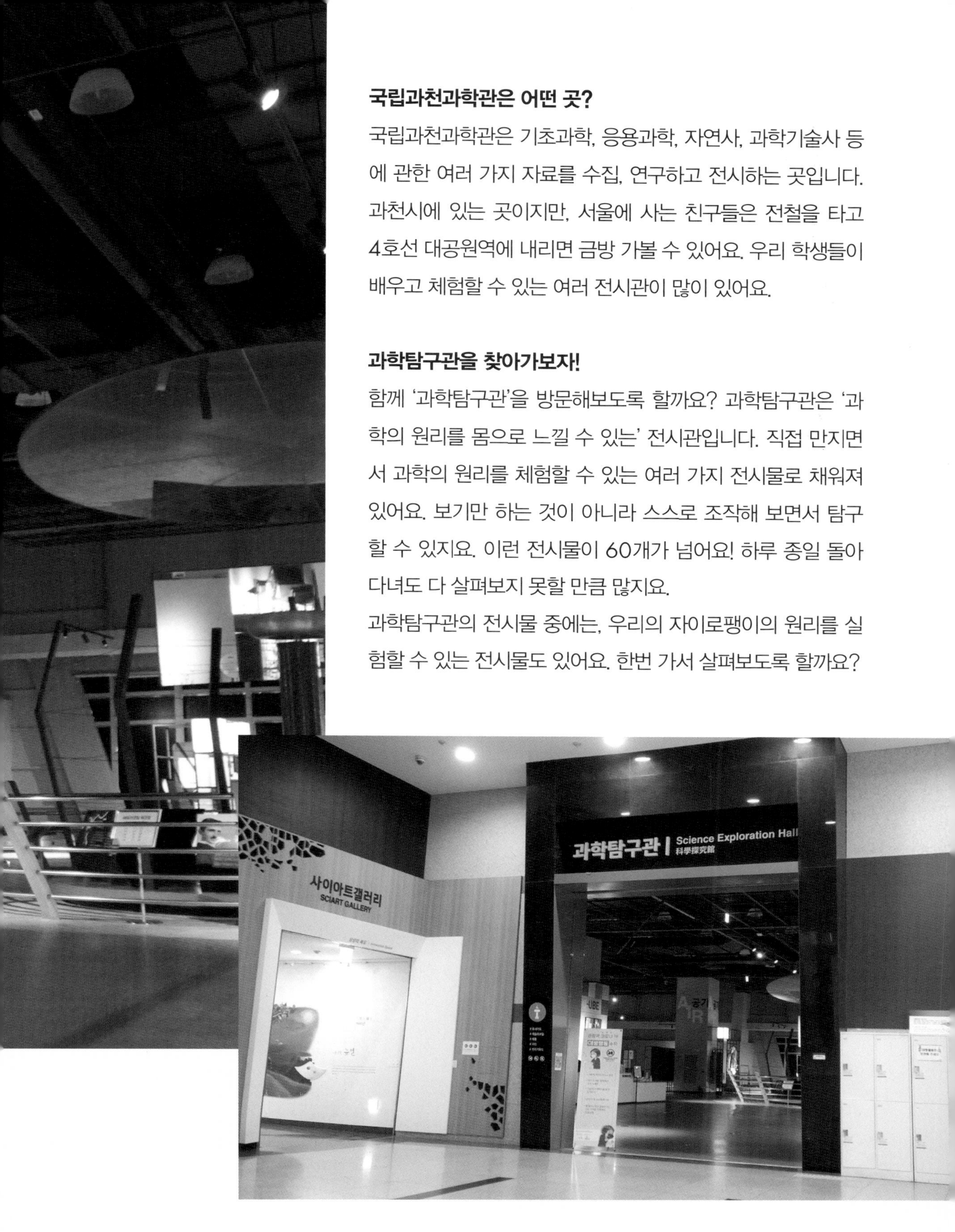

자이로 회전 의자

자전거바퀴 자이로는 회전의자와 바퀴로 이루어진 실험장치입니다. 먼저, 바퀴 손잡이를 양손으로 잡습니다. 바퀴가 수직이 되도록 잡아야 해요. 그리고 그대로 회전의자에 앉습니다. 그 상태에서 바퀴를 강하게 돌립니다. 이제, 마치 자동차 핸들을 돌리듯 바퀴를 기울여봅시다. 어떻게 움직이나요? 바퀴를 좌우로 기울이면, 의자도 회전하면서 좌우로 돌아갑니다. 바퀴를 반대로 돌리면, 의자가 돌아가는 방향도 반대가 됩니다.

우리의 자이로팽이로도 같은 원리를 확인할 수 있습니다. 자이로팽이를 돌리고, 자이로 회전 의자의 바퀴처럼 옆으로 살짝 기울여봅시다. 그리고 주의깊게 자이로팽이의 힘을 느껴봅시다. 어떻게 되나요? 회전 의자가 없기 때문에 실제로 옆으로 돌아가지는 않지만, 마치 팽이가 회전 의자처럼 돌아가려는 힘을 살짝 느낄 수 있을 거예요!

동영상으로 원리를 알아봅시다!

자이로팽이를 그림과 같이 기울여보면서, 힘을 느껴봅시다.

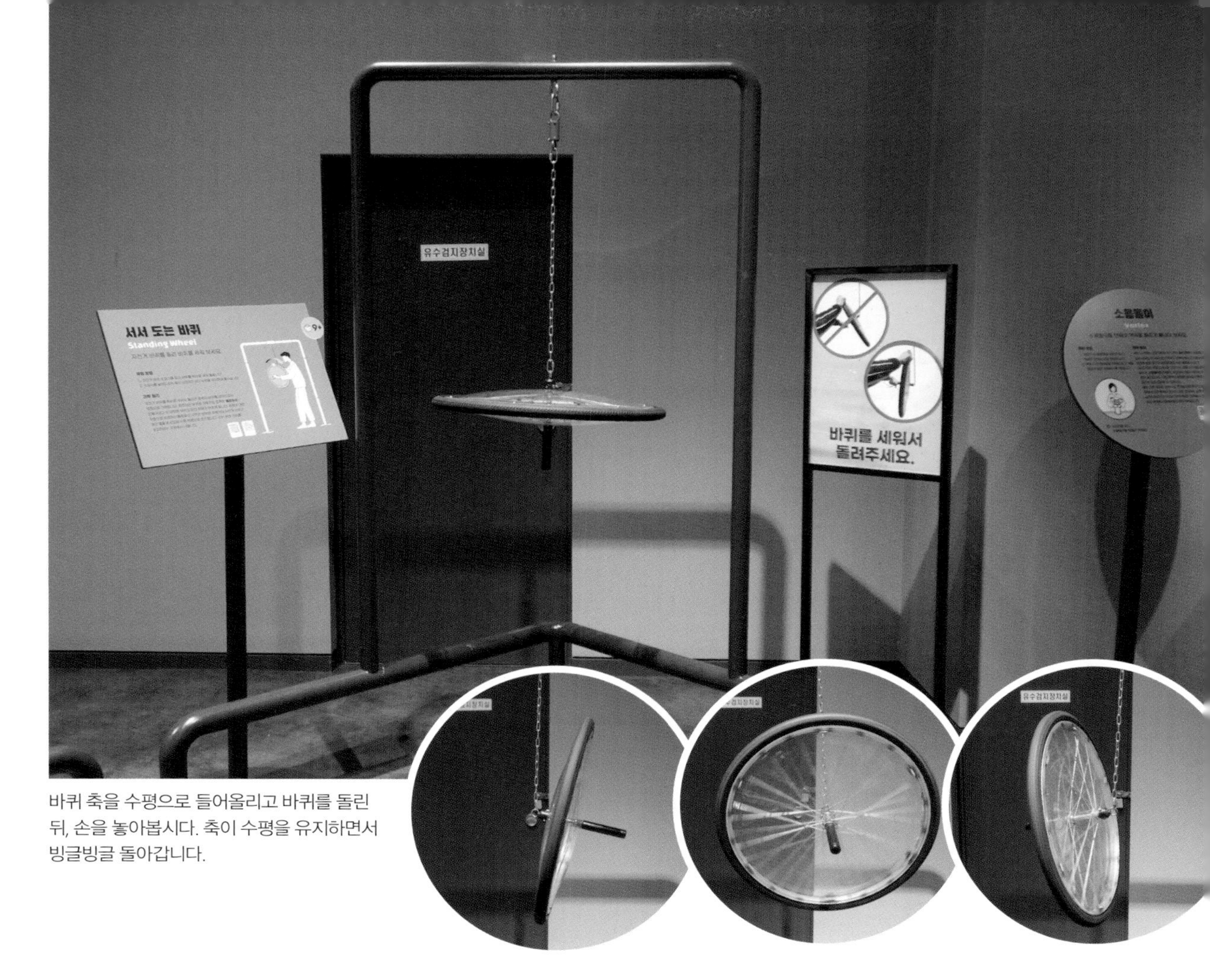

바퀴 축을 수평으로 들어올리고 바퀴를 돌린 뒤, 손을 놓아봅시다. 축이 수평을 유지하면서 빙글빙글 돌아갑니다.

서서 도는 바퀴

줄에 바퀴가 매달려 있습니다. 이제 바퀴가 돌면 이 매달려 있는 바퀴의 움직임이 어떻게 바뀌는지 관찰해봅시다.

바퀴가 세로 방향으로 똑바로 서도록, 손잡이를 가로 방향으로 하여 들어 올립니다. 이때 바퀴를 매단 줄은 늘어지지 않게 합니다. 이 상태에서 바퀴를 힘차게 돌립니다. 이제 손을 놓으면 매달린 바퀴는 어떻게 될까요? 옆으로 떨어질까요?

신기하게도 바퀴는 옆으로 매달린 채 떨어지지 않습니다. 회전축이 옆으로 누운 채로 빙글빙글 돌지요.

이 장치는 우리의 자이로팽이의 실험장치에도 같은 현상을 볼 수 있습니다. 자이로팽이를 돌려서 축의 한쪽 끝을 C자 모양 걸개에 매달아 봅시다.

동영상으로 원리를 알아봅시다!

회전의 고수.

도전! 회전의 고수

가운데 축에 매달려 빙글빙글 돌면, 뒤쪽 화면에 얼마나 빠르게 돌고 있는지 나타나요. 축을 빠르게 돌려봅시다. 그리고 회전축을 손으로 잡고 한 발을 뻗었다가 오므려봅시다. 회전 속도가 달라지나요? 더욱 빠르게 축을 돌리려면 어떻게 하면 좋을까요? 발을 모으고, 몸을 최대한 축에 붙여 돌리면, 회전 반경이 줄어들어 각운동량 보존 법칙에 의해 더 빨리 회전하게 됩니다.

동영상으로 원리를 알아봅시다!

과학탐구관에는 앞에서 살펴본 것 말고도 수많은 흥미로운 전시물이 있어요. 그중 몇 개만 살짝 살펴볼까요?

아치다리

작은 블록들을 쌓아 튼튼한 다리를 만들고 건너봅시다. '아치다리' 코너에는 다리를 만들 수 있는 블록들이 놓여있어요. 작은 블록들을 사진처럼 둥글게 쌓으면 됩니다. 아치 구조는 다리의 위에서 누르는 힘을 좌우로 분산시켜서, 아주 무거운 무게도 잘 견딥니다. 수 천 년 전 고대 로마 시대부터 현재까지도 널리 쓰이고 있는 건축기법입니다.

아치다리.

굴러가는 시간.

굴러가는 시간

과학탐구관에 들어서면 입구에서 처음으로 우리를 맞이하는 전시물이에요. '굴러가는 시간'이 작동하면 당구공들이 각각 1분, 5분, 1시간 간격으로 레일을 타고 내려옵니다.

당구공은 레일을 타고 내려오며 여러 가지 기계장치를 움직입니다. 당구공의 위치에너지는 레일을 타고 내려오면서 운동에너지로 바뀝니다. 이 운동에너지의 일부가 다시 기계장치에 전달되면서 장치들을 움직이게 되죠.

(위) 로보-Q.
(아래) 돌고 도는 지구의 물.

로보–Q(지진체험)

지진이 일어난 상황을 실감나게 경험해볼까요? 로보–Q는 한국수력원자력과 함께 만든 지진 체험 시뮬레이터에요. 거대한 스크린의 화면과, 탑승형 로봇 팔 좌석을 통해 지진의 규모를 몸으로 느낄 수 있고, 지진이 일어났을 때 대처법도 배울 수 있어요. 로보–Q를 타보려면 예약을 하고 가도록 해요.

돌고 도는 지구의 물

지구의 물은 한 곳에만 가만히 있지 않아요. 비가 되어 내리고, 산에서 강으로, 바다로, 지하수로 흐릅니다. 그리고 증발하여 구름이 되었다가, 다시 비가 되어 내리는 순환을 반복합니다. 물이 만드는 여러 가지 현상도 살펴보고, 인간이 물을 이용해 만든 증기기관의 움직임도 볼 수 있어요.

추천 문학

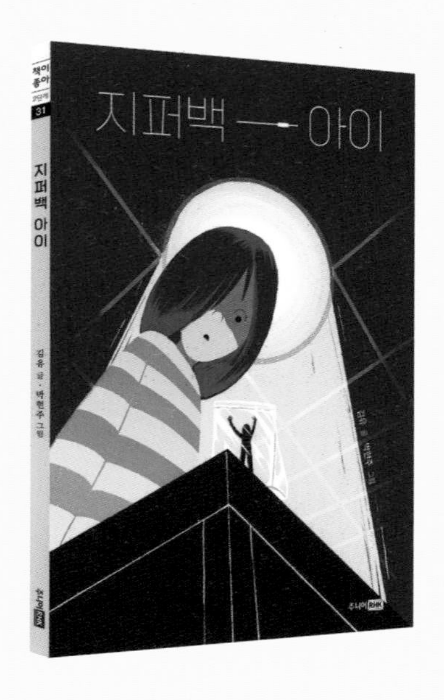

지퍼백 아이

김유 글 | 박현주 그림 | 주니어RHK(주니어랜덤) | 11,000원

환상은 아이들의 결핍을 치유한다

하루아침에 생겨난 꼬리가 거짓말을 할 때마다 자라나는 재민. 한밤중에 물을 마시러 거실에 나왔다가 지퍼백에 갇힌 아이를 만나게 된 지오, 우울했던 생일날 마법처럼 세상을 떠난 엄마를 만나게 된 하루. 기묘하지만 애잔한, 어딘가 뭉클한 세 아이의 이야기가 현실과 환상을 넘나든다. 세상에 의해 가볍게 여겨지거나 무시됐던 아이들의 불안과 상처를 드러내고, 자신을 돌아보고 치유해 가는 어린이들의 건강한 힘을 그려낸다.

곧 재능 교환이 시작됩니다

임근희 지음 | 메 그림 | 책읽는곰 | 12,000원

원하는 재능을 교환해드립니다

어려서부터 줄넘기 왕으로는 유명한 예나는 수학에는 도통 재능이 없다. 수학 시험을 망치고 궂은비 맞으며 집으로 돌아가는 길, 원하는 재능을 뭐든지 얻을 수 있다는 '재능 교환 센터'를 발견한다. 결국 줄넘기와 수학 재능을 교환하게 된 예나. 하지만 만능 재주꾼이 될 줄 알았던 기대는 처참히 무너지고 재능 교환의 부작용이 예나를 궁지에 몬다. 예나는 잃어버린 재능을 되찾고 자신이 가진 재능의 가치를 깨달을 수 있을까?

추천 과학

잔혹탐정의 사건수첩

이치니치잇슈 글 · 그림 | 김지영 옮김 | 노정래 감수 | 미세기 | 13,500원

사건을 풀면 보이는 생물의 생태들!

집게벌레 산산조각 사건, 괭이갈매기 새끼 연쇄 사망 사건, 진딧물 좀비화 사건, 나무 절단 사건 등 냉혹한 자연계에서 벌어지는 미스터리한 잔혹 사건들. 그리고 여기 자연계 잔혹 사건 해결에 매진해온 유명한 다람쥐 잔혹 탐정이 있다. 험상궂지만 마음이 여린 반달가슴곰 조수 타마와 함께 언제 어디서든 사건의 냄새를 맡은 즉시 현장으로 달려간다. 잔혹 탐정과 함께 사건을 해결하고, 그 속에 숨겨진 생물들의 신기한 생존 전략을 알아보자.

우주로 날아라, 누리호!

함기석, 김현서 글 | 김우현 그림 | 한국항공우주원 도움 | 아이들판 | 12,500원

타임머신 타고 보는 한국형 발사체 '누리호'

2222년 우주의 날 아침, 목성과 토성 사이에 건설된 대한민국 우주기지 라온제나에서 초소형 순간이동 타임머신을 만드는 일을 하는 코누 박사와 호기심 많은 생쥐 초코가 누리호 발사 200주년을 맞아 2022년으로 시간 여행을 떠난다. 미래에서 온 과학자 코누 박사와 생취 초코의 시선을 따라 우리 기술로 만든 누리호에 관한 모든 것을 살펴본다. '한국항공우주연구원'의 자문 및 자료 제공으로 풍부한 정보를 만나볼 수 있다.

자이로팽이 조립법 및 사용법

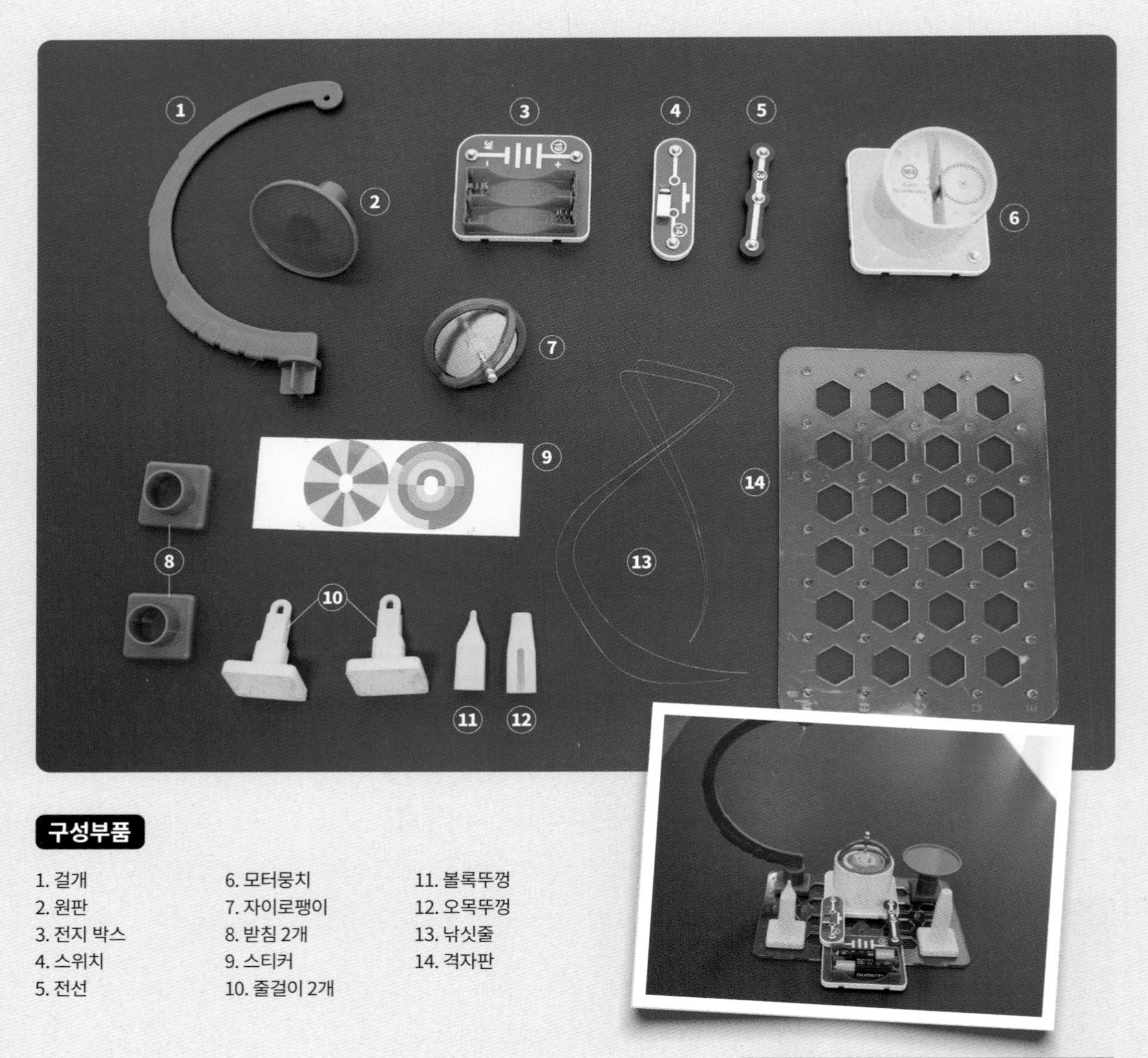

구성부품

1. 걸개
2. 원판
3. 전지 박스
4. 스위치
5. 전선
6. 모터뭉치
7. 자이로팽이
8. 받침 2개
9. 스티커
10. 줄걸이 2개
11. 볼록뚜껑
12. 오목뚜껑
13. 낚싯줄
14. 격자판

주의 "조립하기 전에 꼭 읽어주세요!"

- 조립하면서 다치지 않도록 주의해주세요.
- 작은 부품이 포함되어 있습니다. 질식 등의 위험이 있으니 삼키지 않도록 주의하세요.
- 부품은 잃어버리지 않도록 주의해주세요.
- 조립법, 사용법, 주의사항을 잘 읽은 후 조립하세요.
- 안전을 위해 설명서의 사용법을 반드시 지켜주세요. 또 사용 중에 파손 변형된 제품은 사용하지 마세요.
- 조립 도중 사용자에 의한 파손, 분실 등은 책임지지 않습니다.

조립 방법이나 부품 불량 등에 관한 문의는 makersmagazine@naver.com으로 메일 주시면 친절히 답변해드리겠습니다.

사용 중 주의사항

- 포장을 개봉할 때 자이로팽이에서 윤활제 냄새가 날 수 있습니다.
- 팽이의 회전이 원활하지 못할 경우, 마찰 부위에 윤활제를 살짝 뿌려주세요.

A 부분품 조립

팽이에 스티커를 부착합니다

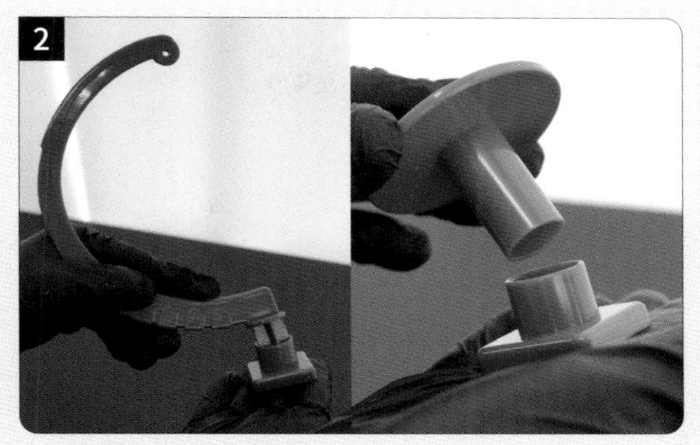

걸개, 원판에 받침을 조립합니다.

B 부품 배치

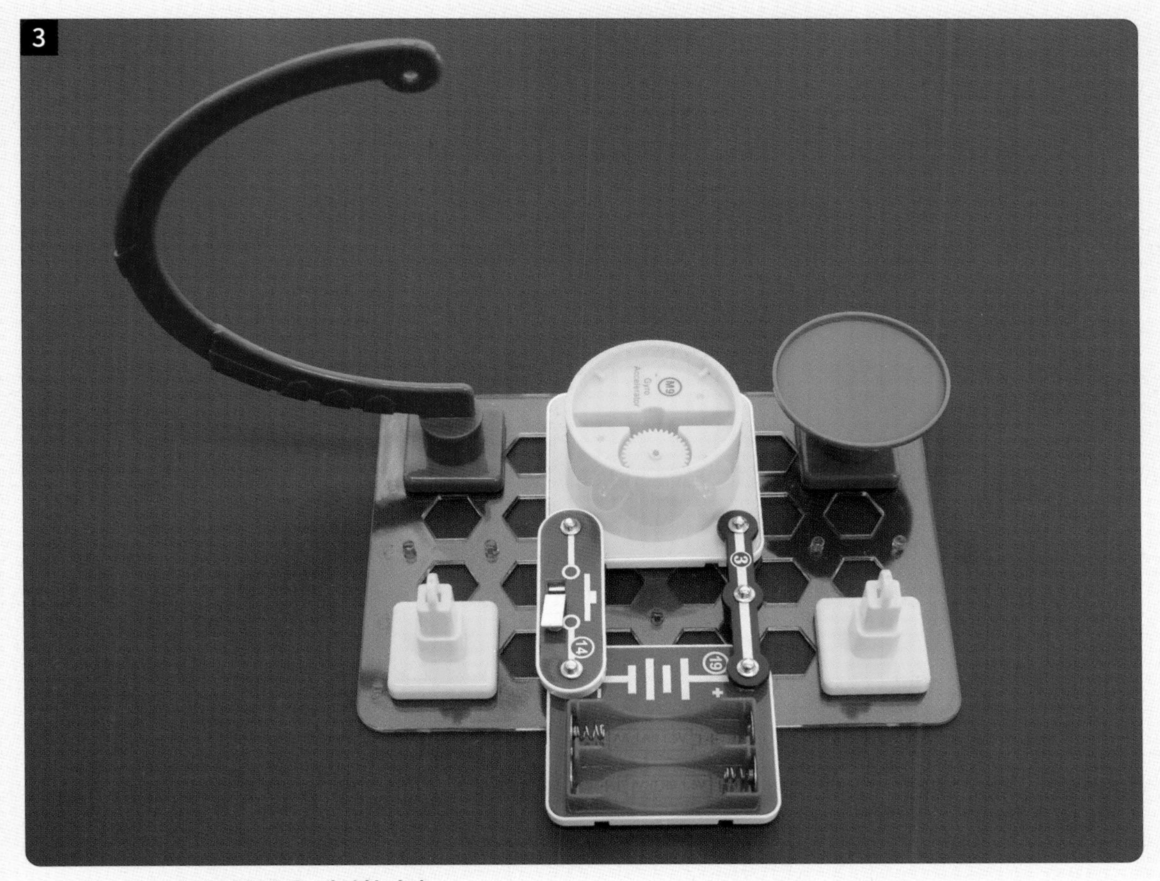

사진처럼 격자판에 부품들을 배치합니다.

C 줄 거는 방법

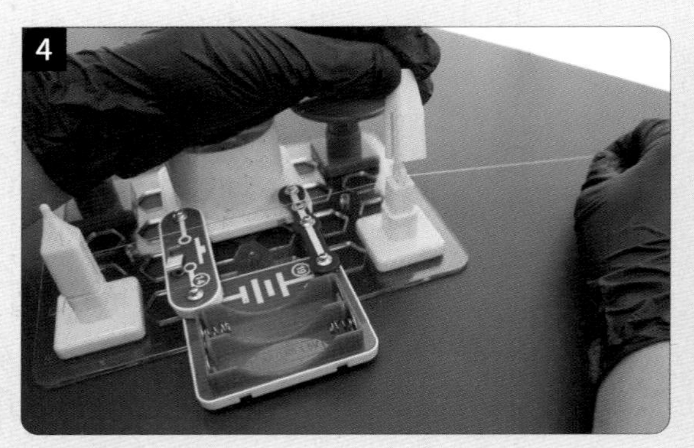

가로줄 걸기

줄걸이의 구멍에 줄을 통과시킨 후 뚜껑(볼록뚜껑, 오목뚜껑)을 덮으면 줄이 고정됩니다. 한 쪽을 먼저 고정한 후, 반대쪽을 팽팽하게 당겨서 걸어주세요.

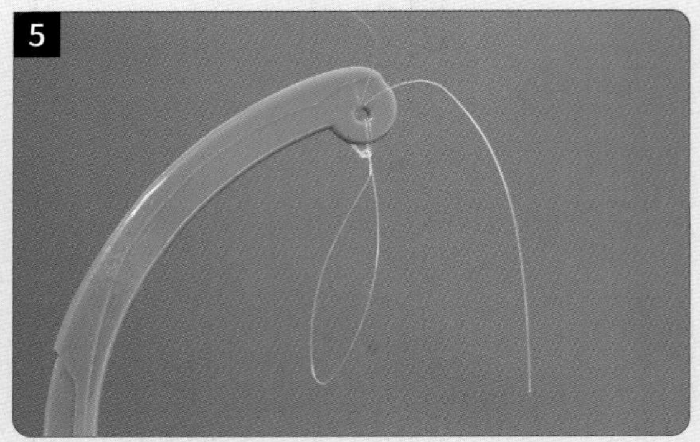

걸개에 줄 걸기

사진과 같이 고리를 지어서 걸개의 구멍에 묶어줍니다. 고리가 걸개 높이의 가운데 정도까지 오도록 길이를 잘 조정하고, 남는 줄을 잘라냅니다.

D 건전지 삽입, 작동

건전지를 넣을 때는 방향에 주의해주세요.

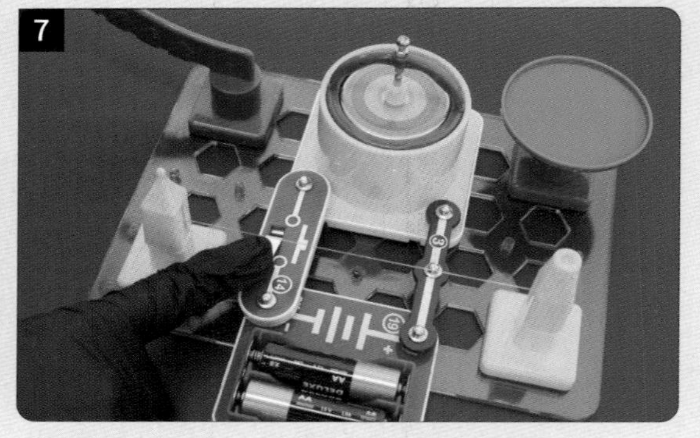

건전지를 넣은 후 스위치를 누르면 자이로팽이가 돌아갑니다.

주의

스위치를 너무 오래 누르고 있거나, 모터를 연속으로 작동하면 모터가 느려질 수 있습니다. 이럴 때는 잠시(1~2분 정도) 쉬어 주세요. 모터가 충분히 쉰 다음에는 다시 빠르게 돌아갈 것입니다.